高等学校通识教育系列教材

计算思维导论
（C语言实现）

周鸣争　王啸楠　主　编
张云玲　伍　祥　副主编

清华大学出版社
北　京

内 容 简 介

本书将计算思维基本概念、C语言实现和现实生活中的场景案例进行结合，打破传统的知识点讲授方式，以案例驱动知识点的方式来突出计算思维过程，最终通过C语言编程实现。根据培养能力目标不同，本书首先讲解计算思维的概念、本质以及相关特征，再针对计算机的一些微观知识点进行补充，包括计算机的组成等软硬件知识，然后通过对程序设计语言发展的描述，初步体会程序语言的特点，最后针对C语言，将抽象的计算思维实例化，培养学生的编程感觉。相较其他一些专业的程序设计教材，本书更适合于计算机编程初学者。

图书在版编目 (CIP) 数据

计算思维导论：C语言实现 / 周鸣争，王啸楠主编. —北京：清华大学出版社，2020.10 (2024.8重印)
高等学校通识教育系列教材
ISBN 978-7-302-56267-2

Ⅰ.①计… Ⅱ.①周… ②王… Ⅲ.①计算方法—思维方法—高等学校—教材 ②C语言—程序设计—高等学校—教材 Ⅳ.① O241 ② TP312.8

中国版本图书馆 CIP 数据核字（2020）第 152910 号

责任编辑：黄　芝
封面设计：刘　键
责任校对：李建庄
责任印制：宋　林

出版发行：清华大学出版社
　　　　网　　址：https://www.tup.com.cn，https://www.wqxuetang.com
　　　　地　　址：北京清华大学学研大厦 A 座　　　　邮　　编：100084
　　　　社 总 机：010-83470000　　　　　　　　　邮　　购：010-83470235
　　　　投稿与读者服务：010-62776969，c-service@tup.tsinghua.edu.cn
　　　　质 量 反 馈：010-62772015，zhiliang@tup.tsinghua.edu.cn
　　　　课 件 下 载：https://www.tup.com.cn，010-83470236
印 装 者：三河市科茂嘉荣印务有限公司
经　　销：全国新华书店
开　　本：185mm×260mm　　　印　　张：12.75　　　字　　数：296 千字
版　　次：2020 年 10 月第 1 版　　　　　　　　印　　次：2024 年 8 月第 5 次印刷
定　　价：39.80 元

产品编号：085298-01

前　言

　　近年来，越来越多的人意识到计算思维在人们学习过程中的重要性，计算思维相关课程也迅速在国内各大高校推广，但纵观大部分高校的计算思维课程设计，仅仅将其作为一门单纯的理论课程实施，且课程内容较多，大面积融合计算机组成原理、计算机基础知识以及算法，但在真正实际应用方面略显不足。

　　作为所有计算机相关专业以及其他理工类专业课程的前驱课程，面对从未接触过计算机编程语言的低年级学生，如何快速地让学生掌握计算机科学基本概念，培养其计算思维以及编程能力是编写本书的出发点。通过多年的实践教学，编者做了一次大胆的尝试，即将计算机科学基本概念和实际编程语言进行结合，形成计算思维C语言综合性课程教材。并以此为切入点，最终开发一套专注于计算思维与编程知识相融合，充分实现场景案例模拟的应用书籍。

　　本书希望实现以下两个目标：第一，以建模和仿真为中心，对场景案例进行分析以及合理抽象，通过补充计算机相关基础知识，让读者具有一定的计算思维分析能力；第二，学习C语言中的一些常用语法，包括数据类型、输入输出、函数、控制语句等，最终将抽象出来的案例模型通过C语言编程实现自动化。

　　全书共分14章，从章节划分来看，貌似本书侧重点在C语言语法讲解，但本书实际更侧重于学生整个计算思维训练以及对现实世界的行为模拟能力培养，C语言仅仅作为一门编程语言来完成计算思维的落地实现。因此，本书从现实生活的案例场景出发，通过对场景案例的分析描述以及模型构建，最终通过C语言进行功能实现。不纠结于语法细节以及部分高级语法，而是案例驱动，针对场景中需要的语法知识进行讲解描述。

　　各章节内容详细安排如下。

　　第1章　计算与计算思维

　　本章从计算工具的发展和计算思想的形式化两个方面讲解计算机的产生。按照历史的发展讲解具有先进代表意义的计算工具，了解计算工具的发展；分别从逻辑学、命题、二值逻辑、布尔关系、可计算性、图灵机六个方面讲解计算思想的形式化。最后通过生活中案例和问题的解决，感受并理解什么是计算思维，掌握计算思维的概念、本质以及特征。学会如何抽象问题，并将计算思维与计算机知识相关联。

　　学完本章内容，能够了解计算机在日常生活中的重要性，能够对命题、布尔关系和可计算性做出正确判断，掌握图灵机的基本思想。了解计算思维的形成过程，并通过对计算思维特征和概念的掌握，学会运用计算思维解决日常生活中的相关问题。

　　第2章　计算机基础

　　本章在掌握计算思维过程的基础上，补充计算机相关基础知识，包括计算机的组成（硬件系统和软件系统），以及计算机系统中数据的存储方式，包括进制转换和转码等算法的描述，最后讲解冯·诺依曼体系结构。

学完本章内容，可掌握计算机软、硬件相关部分知识，了解计算机五大组成部分的相互运行流程，重点了解冯·诺依曼体系，并熟练掌握进制间的转换以及原码、反码和补码的计算方法。

第 3 章　程序设计语言

本章首先讲解生活中的程序，从而引出程序的概念，然后对生活中的程序给出解决问题的算法描述，以及计算机中程序的概念和指令主要包括的类别，再讲解描述程序的工具——流程图。其次，以时间轴的方式，列举部分程序设计语言发展史上有重大影响力的编程语言，并针对每一种语言进行一个简单的描述。最后，根据每个语言的特征不同，进行实际应用上的分类说明。

学完本章内容，应能够了解程序的概念，能够列举出生活中的程序，并能给出解决问题的算法描述及流程图。读者不需要对每一门语言都进行了解，但是能够对程序设计语言本身有一个大致的认识和感知，提前熟悉 C 语言的由来以及发展历史。

第 4 章　程序设计语言入门——你好 C 语言

本章主要介绍一些 C 语言的特征和它的安装步骤及环境配置，以及 C 语言基本框架介绍，使得读者对程序设计 C 语言框架有一个初步的概念。

学完本章内容，应能够利用 VS 2015 工具熟练配置 C 语言运行环境，完成 C 语言代码编写，并成功运行输出语句，了解整个 C 语言环境的架构。

第 5 章　C 语言基础——"我们"不一样

本章主要讲解计算机中常见的数据类型，掌握变量和常量概念，了解如何定义、赋值、简单使用变量与常量，以及运算符（算术、赋值、关系、逻辑、递增递减、条件）与表达式的使用与含义。

学完本章内容，应能够充分理解变量和常量的概念，能用变量和常量对生活中的数据进行描述，掌握不同数据类型的变量和常量的定义及赋值方式，了解不同运算符与表达式的含义并能够熟练使用。

第 6 章　标准输入与输出函数——我想和"你"聊聊

本章主要模拟现实生活中的输入与输出行为，通过讲解 printf 函数、scanf 函数、putchar 函数和 getchar 函数，学习格式化输入输出与字符的输入输出。

学完本章内容，读者应能够掌握各种类型数据的输入和输出方法，并模拟现实生活中的输入与输出行为。

第 7 章　函数思维——生活中的"模块"

本章通过四个不同的生活场景案例引出函数的四种状态，从输入、处理、输出三个维度进行需求分析，得出每种函数状态的作用以及特征结论。

学完本章内容，读者应能够形成初步函数化的思维方式，能够针对现实生活场景进行函数特征映射。

第 8 章　函数实现——程序中的"模块"

本章与第 7 章四个案例一一对应，将第 7 章的案例分析通过代码实现，在实现的过程中讲解函数的定义、调用、参数、返回值等实现语法，完成现实与计算机之间的功能映射。

学完本章内容，应熟练掌握函数的定义、调用，以及函数参数、返回值的设计与实现，能够编写函数解决实际问题；充分体会和感受到计算思维对日常生活的各类行为的合理抽象和模拟。

第9章　分支结构——做人生正确的选择

本章主要讲解控制语句中的分支结构，让读者从概念上理解如何将实际生活中的判断转化成编程语言，并通过计算机实现；从功能上讲授一些基础的选择结构语法等，让读者用编程语言去模拟这些场景，并通过计算机实现。

学完本章内容，应能够熟练掌握和使用 if 语句模拟单分支、双分支和多分支场景，掌握 switch 语句的语法实现多分支，并能正确区分 if 多分支语句和 switch 多分支语句的区别。通过一些综合练习，学会如何将生活中的案例合理抽象并通过代码进行最终实现。

第10章　循环结构——漫漫十年还贷路

本章主要讲解控制语句中的循环结构，让学生从概念上理解如何将实际生活中的循环、重复和中断重复转化成编程语言，并通过计算机实现；从功能上讲授一些循环结构基础的语法，让读者用编程语言去模拟这些场景，并通过计算机实现。

学完本章内容，应能够熟练掌握和使用 for 语句和 while 语句，并能正确理解和使用 break 和 continue 关键字，通过一些综合练习，学会如何将生活中的案例合理抽象并通过代码进行最终实现。

第11章　数组——熊孩子的成绩单

本章通过对列表概念的描述和讲解，加深读者对"归类"的理解，体会将多维度问题进行抽象分类和简单化的价值，最终通过一些基础语法的学习，完成编程具体实现功能的部分。

学完本章内容，应能够掌握数组的概念，映射到日常生活中，理解数组概念存在的含义以及它的合理运用范围，学会针对数组的一系列操作，包括取值、求数组长度、遍历数组、排序，简单了解二维数组。

第12章　指针——大海捞"书"轻而易举

本章通过实际生活案例的描述，让读者理解指针的概念以及存在的意义，并掌握指针的内存存放形式，最终通过代码来模拟日常生活中所谓"地址"查询的思维方式和操作方法。

学完本章内容，应能够理解指针和变量在内存中的映射，能通过指针访问普通变量及数组元素并输出，正确区分"值传递"和"地址传递"，并掌握指针作为函数参数进行传参的方法。

第13章　结构体——自定义"封装"

本章通过对日常生活案例的分析，提出另外一种可以存放多个不同数据类型的变量集合的特殊方式：结构体。理解结构体的含义以及声明格式，并通过之前所学过的内容完成一个标准结构体的定义。

通过学完本章内容能够了解结构体的概念并熟练掌握结构体的定义方式，了解结构体变量的定义与使用，熟悉结构体成员，会通过结构体进行数据抽象。

第 14 章　文件——模拟"数据库"

本章首先讲解文件的基本概念，然后讲解如何通过 C 语言对文件进行打开、关闭、读写操作。

学完本章内容，读者应能够完成对文件的简单读写操作。

本书全部内容均在安徽信息工程学院大力支持下完成，全书参编人员均为该学院教师。第 1 章由周鸣争、王啸楠、伍祥编写；第 2 章由伍祥、张进兵编写；第 3 章由张进兵、伍祥编写；第 4 章由王啸楠、丁鑫编写；第 5 章由张云玲、丁鑫编写；第 6 章由王啸楠、丁鑫编写；第 7 章由张云玲、殷振华编写；第 8 章由张云玲、殷振华编写；第 9 章由伍祥、殷振华编写；第 10 章由伍祥、张进兵编写；第 11 章由伍祥、张进兵编写；第 12 章由张云玲、丁鑫编写；第 13 章由王啸楠、张云玲编写；第 14 章由王啸楠、张云玲编写；最后由周鸣争负责审阅定稿。

在本书的编写过程中，参考了许多相关的书籍和资料，编者在此对这些参考文献的作者表示感谢。同时对本书在讲义阶段教学实施过程中，提出宝贵意见的几位助教表示感激，他们分别是：施靖成、李玉廷、芮磊、张明亮。最后，对所有在本书出版过程中所给予支持和帮助的同志和朋友，表示真挚的谢意。

因水平有限，书中难免存在疏漏与不足之处，望读者指正，以利改进和提高。

编　者

2020 年 8 月

目　录

第 1 章　计算与计算思维

随着社会的不断进步和发展，试想一下，如果没有工具，世界会是怎样？我们将像生活在原始社会一样，没有房子，以山洞为居住处；没有农具，只能手工劳动，采摘自然生长的植物；没有交通工具，只能步行前往需要到达的地方，花费很多的时间在路上。

同样，随着人类社会的发展，人类对数据的依赖越来越大，而数据的爆发式增长也不断影响人类对计算工具的需求变化，从而促进整个计算工具的演变和发展进化。目前，计算工具已经成为人类日常生活中不可或缺的一部分。

1.1　计算机的产生与发展

1.1.1　计算机概念及发展

计算机是在计算工具的发展和计算思想的形式化的共同影响下产生的。什么是计算机？我们通常所说的计算机就是指电子计算机（electronic computer），俗称计算机，是一种根据一系列指令来对数据进行处理的机器。与计算机有关的技术研究叫作计算机科学（computer science），以数据为核心的研究称作信息技术。而人们接触最多的电子计算机是个人计算机（personal computer），所以我们广义上说的计算机通常都是指个人计算机。计算机的英文单词为 computer，来源于英文单词 compute，其含义是计算、估算、推断。computer 在计算机发明以前是指从事数据计算的人，但由于计算机替代人类的计算等劳动以后，computer 这个词就专指用于计算的机器或电子设备，也就是我们所熟知的计算机。

公认的，电子计算机 ENIAC 的发明对计算机的发展具有里程碑的意义，所以计算机的历史可以分为电子计算机发明前和发明后两个阶段。

1. 电子计算机发明前

人类最初用手指进行计算。人有两只手，十个手指头，所以，自然而然地习惯用手指记数并采用十进制记数法。用手指进行计算虽然很方便，但计算范围有限，计算结果也无法存储。于是人们用绳子、石子等作为工具来延伸手指的计算能力，如中国古书中记载的"上古结绳而治"，拉丁文中 Calculus 的本意是用于计算的小石子。

随着文化的发展，人类创造了简单的计算工具。中国在唐朝就开始使用算盘。算盘轻巧灵活、携带方便，应用极为广泛，先后流传到日本、朝鲜和东南亚，后来又传入西方。算盘采用十进制记数法并有一整套计算口诀，例如"三下五除二""七上八下"等，这是最早的体系化算法。算盘能够进行基本的算术运算，是公认的最早使用的计算工具。

1614年，苏格兰数学家纳皮尔（John Napier）发现了利用加减来计算乘除的方法，并以此发明了对数。纳皮尔在制作第一张对数表的时候，必须进行大量的乘法运算，于是他设计出纳皮尔计算尺（或称纳皮尔算筹）协助计算。到1633年，英国人奥特雷德（William Oughtred）利用对数基础，发明出一种圆形计算工具比例环，后来逐渐演变成近代所熟悉的计算尺，如图1-1所示。

1642年，法国数学家、物理学家帕斯卡（Blaise Pascal）为其当税务员的父亲发明了滚轮式加法器，可透过转盘进行加法运算。这是人类历史上第一台机械式计算工具，其原理对后来的计算工具产生了持久的影响。如图1-2所示，帕斯卡加法器是由齿轮组成，以发条为动力，通过转动齿轮来实现加减运算，用连杆实现进位的计算装置。帕斯卡从加法器的成功中得出结论：人的某些思维过程与机械过程没有差别，因此可以设想用机械来模拟人的思维活动。

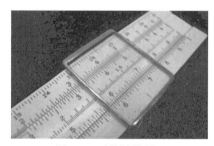　　　　

　　　　图1-1　对数计算尺　　　　　　　　　　图1-2　滚轮式加法器

1673年，德国的莱布尼兹（Gottfried Wilhelm Leibniz）使用阶梯式圆柱齿轮加以改良，制作出可以进行四则运算的步进计算器。这一时期的计算机有一个共同的特点，就是每一步运算都需要人工干预，即操作数由操作者提供。这些发明在灵巧性上有些进步，但都无一例外，没有突破手工操作的局限。

直到19世纪20年代，英国数学家巴贝奇（Charles Babbage）提出了自动计算机的基本概念：要使计算机能自动进行计算，必须把计算步骤和原始数据预先存放在机器内，并使计算机能取出这些数据，在必要时能进行一些简单的判断，决定自己下一步的计算顺序。他还分别于1823年和1834年设计了一台差分机和一台分析机，可惜最后巴贝奇耗费毕生精力都未能造出一台完整的差分机或分析机。但是，他提出的这些创造性的建议奠定了现代数字计算机的基础。

巴贝奇在1835年提出，分析机是一部一般用途的可编程化计算机，同样是以蒸汽引擎驱动，使用打孔卡输入资料，其中的重要创新是用齿轮模拟算盘的算珠。他最初的设计是打算利用用打孔卡控制机器进行运算，印出高精确度的对数表，后来才转而开发一般用途的可编程化计算机。差分机与其他计算器的差别在于：差分机不是每次完成一个算术运算，而是能够按照设计者的要求自动地完成整个运算过程。伦敦科学博物馆在

1991 年成功地重建巴贝奇的差分机,其间只做了一些无关紧要的修改,差分机就依照巴贝奇原来的设计运作,证明他的理论完全正确。

1886 年,美国统计学家赫尔曼·霍勒瑞斯(Herman Hollerith)借鉴了雅各织布机的穿孔卡原理,用穿孔卡片存储数据,采用机电技术取代了纯机械装置,制造了第一台可以自动进行加减四则运算、累计存档、制作报表的制表机,这台制表机参与了美国 1890 年的人口普查工作,使预计 10 年的统计工作仅用 1 年零 7 个月就完成了,是人类历史上第一次利用计算机进行大规模的数据处理。霍勒瑞斯于 1896 年创建了制表机公司 TMC 公司,1911 年,TMC 与另外两家公司合并,成立了 CTR 公司。1924 年,CTR 公司改名为国际商业机器公司(International Business Machines Corporation),就是赫赫有名的 IBM 公司。

20 世纪 30 年代后期到 40 年代,由于受到第二次世界大战的影响,这一时期被认为是计算机发展史中极其混乱的时期。战争开启了现代计算机的时代,电子电路、继电器、电容及真空管相继登场,取代机械器件,就连类比计算器也被数字计算器所代替。

1936 年,图灵发表的研究报告对计算机和计算机科学领域造成巨大冲击,这篇报告主要是为了证明循环处理程序的死角,即死机问题的存在。图灵也以算法概念为通用计算机做出定义,后来称为图灵机。除了内存限制,现代计算机已经具备图灵机所要求的条件,也就是说,现代计算机的算法执行力已与通用图灵机相当。此外,内存的限制也被视为一般用途计算机与特殊用途计算机的差别。

1939 年,美国爱荷华州立大学的约翰·阿塔纳索夫(John Vincent Atanasoff)和克里夫·贝瑞(Clifford E.Berry)开发出阿塔纳索夫 – 贝瑞计算机(ABC),它可以解决一次方程的计算问题。ABC 使用了超过 300 个真空管来提高运算速度,以固定在机械旋转磁鼓上的电容器作为记忆器件,虽然不可以编程,但是由于采用二进位制和电子线路等先进理念和技术,使其成为第一部现代计算机的先驱。

2. 第一台电子计算机的诞生

第二次世界大战中,美国宾夕法尼亚大学物理学教授约翰·莫克利(John Mauchly)和他的研究生普雷斯帕·埃克特(Presper Eckert)受美国军械部的委托,为计算弹道和射击表启动了研制 ENIAC(Electronic Numerical Integrator And Computer)的计划,1946 年 2 月 15 日,这台标志人类计算工具历史性变革的巨型机器宣告竣工。它通常被认为是世界上第一部一般用途的电子计算机,如图 1-3 所示。ENIAC 是一个庞然大物,共使用了 18000 多个电子管、1500 多个继电器、10 000 多个电容和 7000 多个电阻,全长 30.48m,宽 6m,高 2.4m,占地面积 170m²,共有 30 个操作台,约相当于 10 间普通房间的大小,重达 30t,功率为 150kW,造价 48 万美元。ENIAC 的最大特点就是采用电子器件代替机械齿轮或电动机械来执行算术运算、逻辑运算和存储信息,因此,同以往的计算机相比,ENIAC 最突出的优点就是高速度。ENIAC 每秒能完成 5000 次加法、300 多次乘法,比当时最快的计算工具快 1000 多倍。ENIAC 是世界上第一台能真正运转的大型电子计算机,ENIAC 的出现标志着电子计算机(以下称计算机)时代的到来。

图 1-3　操作员在 ENIAC 上设置参数

1945 年 6 月，普林斯顿大学数学教授冯·诺依曼（von Neumann）发表了 EDVAC（Electronic Discrete Variable Computer，离散变量自动电子计算机）方案，确立了现代计算机的基本结构，提出计算机应具有五个基本组成部分：运算器、控制器、存储器、输入设备和输出设备，并描述了这五大部分的功能和相互关系，还提出"采用二进制"和"存储程序"这两个重要的基本思想。冯·诺依曼的这项设计后来被称为冯·诺依曼架构，迄今为止，大部分计算机仍基本上遵循冯·诺依曼结构。

与此同时剑桥大学也设计建造了电子离散顺序自动计算机（简称 EDSAC）。1951 年 6 月，通用自动计算机（简称 UNIVACI）送抵美国人口调查局，这部计算机由雷明顿兰德公司制造，却常被误认为是 IBM 制造的 UNIVAC。雷明顿兰德公司后来以每台百万美金以上的售价卖出了 46 部。UNIVAC 是第一部量产的计算机，使用 5200 根真空管，功率为 125kW，所使用的水银延迟线内存能储存 1000 个 11 个正十位数字组。

1960 年以后计算机使用呈爆炸性地成长，这些全部归功于杰克·基尔比（Jack S.Kilby）和罗伯特·诺伊斯（Robert Noyce）的独立发明——集成电路或微芯片，在此基础上，Intel 的马辛·霍夫（Marcian Hoff）和佛德里克·法金（Federico Faggin）发明了微处理器。

到了 20 世纪 70 年代，集成电路技术的引入极大地降低了计算机生产成本，计算机也从此开始走向千家万户。1972 年以后的计算机基于大规模集成电路及后来的超大规模集成电路。1972 年 4 月 1 日，Intel 推出 8008 微处理器。1976 年，史蒂夫·乔布斯（Stephen Jobs）和史蒂夫·沃兹尼亚克（Stephen Wozniak）创办了苹果计算机公司，并推出了 Apple Ⅰ 型计算机。1977 年 5 月，Apple Ⅱ 型计算机发布。1979 年 6 月 1 日，Intel 发布了 8 位的 8088 微处理器。

3．微型计算机的普及

1982 年，微型计算机开始普及，大量进入学校和家庭。1982 年 1 月，Commodore 64 计算机发布，价格为 595 美元。1982 年 2 月，80286 发布，时钟频率提高到 20MHz，并增加了保护模式，可访问 16M 内存，支持 1GB 以上的虚拟内存，每秒钟运行 270 万条指令，集成 134 000 个晶体管。

1990 年 11 月，微软发布第一代 MPC（Multimedia PC，多媒体个人计算机）标准，处理器至少为 80286/12MHz，有光驱，传输率不少于 150KB/s。1994 年 10 月 10 日，Intel 发布 75MHz Pentium 处理器。1995 年 11 月 1 日，Pentium Pro 发布，主频可达 200MHz，每秒完成 4.4 亿条指令，集成了 550 万个晶体管。1997 年 1 月 8 日，Intel 发布 Pentium MMX，对游戏和多媒体功能进行了增强。1999 年 1 月，Intel 推出 P Ⅲ 处理器，它采用 0.25 μm 制造工艺，拥有 32K 一级缓存和 512K 二级缓存，包含 MMX 指令和 Intel 自己的"3D"指令 SSE，最初发行的 P Ⅲ 有 450 MHz 和 500 MHz 两种规格。

　　2000 年 11 月 20 日，Intel 正式发布了新一代处理器 Pentium 4，如图 1-4 所示。这不仅仅是一款新产品的发布，它还标志着一个处理器新时代的开始，Pentium 4 对英特尔至关重要。最早的 Pentium 4 使用的是 Socket 423 接口，后来转变为 Socket 478 接口，接下来又过渡到现今主流的 LGA 775 接口。2006 年，Intel 发布了酷睿 2 处理器，这款源自 Pentium M 的处理器

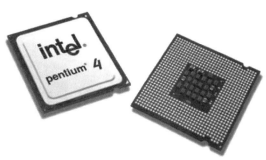

图 1-4　Pentium 4 处理器

拥有全新的 Core 架构。2008 年 3 月 11 日，Intel 历史性地发布了超低功耗的 Atom 处理器，中文名称为"凌动"。这款 CPU 的发布意味着个人计算机正向低功耗、低价格的大众化方向发展。

1.1.2　计算机的特点与不足

　　计算机是所有计算工具的组织和控制中心，相当于人脑在人体中的地位，处于绝对核心的位置。说到现代的电子计算机，其最主要的特征是：只要输入正确的指令，任何一台电子计算机都可以模拟其他计算机的行为。因此，现代电子计算机相对于早期的电子计算机也被称为通用型电子计算机。

　　计算机的方便之处也就是"计算机能干什么"，说到"计算机能干什么"，人们就会想到人的弱项：例如记不住二十个以上的电话号码，算不出高于三次的代数方程；更不用说用手操纵加工精度为毫米以下的机械等，还有生活中的点点滴滴，如编排漂亮的文章，制作美丽的动画，还有轻松地网上购物等。计算机具有很强的生命力并得以飞速地发展是因为其本身具有诸多特点。具体体现在如下几个方面：

1. 自动化程度高，处理能力强

　　计算机把处理信息的过程表示为由许多指令按一定次序组成的程序。计算机具备预先存储程序并按存储的程序自动执行而不需要人工干预的能力，因而自动化程度高。

2. 运算速度快，处理能力强

　　由于计算机采用高速电子器件，因此计算机能以极高的速度工作。现在普通的微型计算机每秒可执行几十万条指令，而巨型机则可达每秒几十亿次甚至几百亿次。随着科技发展，此速度仍在提高。

3. 具有很高的计算精确度

　　在科学研究和工程设计中，对计算的结果精确度有很高的要求。一般的计算工具的

计算精度只能达到几位有效数字，而计算机对数据处理结果精确度可达到十几位、几十位有效数字，根据需要甚至可达到任意的精度。由于计算机采用二进制表示数据，因此其精确度主要取决于计算机的字长，字长越长，有效位数越多，精确度也越高。

4. 具有存储容量大的记忆功能

计算机的存储器具有存储、记忆大量信息的功能，这使计算机有了"记忆"的能力。目前计算机的存储量已高达千兆乃至更高数量级的容量，并仍在提高，其具有"记忆"功能是与传统计算器的一个重要区别。

5. 具有逻辑判断功能

计算机不仅具有基本的算术能力，还具有逻辑判断能力，这使计算机能进行资料分类、情报检索等具有逻辑加工性质的工作。这种能力是计算机处理逻辑推理的前提。

此外，微型计算机还有体积小、重量轻、耗电少、功能强、使用灵活、维护方便、可靠性高、易掌握、价格便宜等优点。

然而任何事情都具有两面性，就像硬币有正反面，计算机能干什么的背后也隐藏着"计算机不能干什么"，说到"计算机不能干什么"，人们自然会想到人的强项：例如写诗，写小说，编曲等创造性的工作；再例如发脾气，撒谎这类情绪性状态。所有这些，计算机自然是望尘莫及。

"计算机不能干什么"，意思是说，计算机在理论上就有其限度，不能替人拿主意、定方案。计算机跟人脑相比，能不能思考呢？人机分界恰在于这"思考"二字，即把计算机所不具备的直觉、综合、机敏，甚至艺术家的灵感留给人类，由人来创造性地开发各种所需的算法、模型、方法。

所以，对计算机应有一个全面、客观、公正的把握，无论将来计算机发展程度如何，始终保持一个客观认知，即计算机仅仅是帮助人类解决问题、提升各类能力的一种工具，计算机无法代替人类完成创新、思考等感性类工作。

1.1.3 计算思想形式化

计算思维的特点之一为形式化，又可称为计算思想的形式化，它是计算工具发展的基础，而计算工具的发展验证了计算思想形式化的科学性，两者相辅相成。计算思想的形式化源远流长，随着现代信息技术飞速发展，不只是软件、硬件等人造物以物理形式到处呈现并时时刻刻触及人们的生活，更重要的是通过不同形式地接近和求解问题、管理日常生活、与他人交流和互动，最终发展成为计算思维的重要组成部分。以下列出几种典型的计算思维的表现形式及实现途径。

1. 逻辑学的发展

逻辑是人的一种抽象思维，是人通过概念、判断、推理、论证来理解和区分客观世界的思维过程。逻辑学起源于古希腊，由亚里士多德提出。

1）逻辑的哲学定义

定义 1：逻辑思维具体表达形式就是将所有对立的东西相消，将剩下的东西进行排列。

定义 2：逻辑等式的建立，确定了公平的相对法则（即相对真理）。

特殊意义：逻辑上能成立的东西，必定是需要时间经历的东西！（必定会成为与时间重叠的产物。）

逻辑学有狭义和广义之分。狭义的逻辑学指：研究推理的科学，即只研究如何从前提必然推出结论的科学。广义的逻辑学指：研究思维形式、思维规律和思维的逻辑方法的科学。广义逻辑学研究的范围比较大，是一种传统的认识，与哲学研究有很大关系。整个逻辑学科的体系非常庞大复杂，如传统的、现代的、辩证的、演绎的、归纳的、类比的、经典的和非经典的等。但是，它再庞大也有相通的地方，例如构建判断的方法；进行必然性推理；认同逻辑真理或逻辑规律；等等。

很多时候，人们并不清楚逻辑到底是什么，只是从日常生活学习工作中感知到逻辑的存在。例如：

（1）孩子眼里的逻辑是因为与所以的关系。

（2）成年人眼里的逻辑是真与假的关系。

（3）宗教里的逻辑是因果轮回关系。

（4）哲学里的逻辑是辩证关系。

（5）数学里函数与导数是逻辑应用所产生的结果。

所以，逻辑学是研究思维形式的学问。所有思维都有内容和形式两个方面。思维内容是指思维所反映的对象及其属性；思维形式是指用以反映对象及其属性的不同方式，即表达思维内容的不同方式。从逻辑学角度看，抽象思维的三种基本形式是概念、命题和推理。

2）概念

概念是人脑对客观事物本质的反映，这种反映是以词来标示和记载的。人类在认识过程中，从感性认识上升到理性认识，把所感知的事物的共同本质特点抽象出来加以概括，这是自我认知意识的一种表达，形成概念式思维惯性。概念是在人类所认知的思维体系中最基本的构筑单位。

概念亦即反映事物的本质属性的思维形式。概念是抽象的、普遍的想法、观念或充当指明实体、事件或关系的范畴或类的实体。在它们的外延中忽略事物的差异，把这些外延中的实体作为同一体而去处理它们，所以概念是抽象的。它们等同地适用于在它们外延中的所有事物，所以它们是普遍的。概念也是命题的基本元素，如同词是句子的基本语义元素一样。

概念具有两个基本特征，即概念的内涵和外延。概念的内涵就是指这个概念的含义，即该概念所反映的事物对象所特有的属性。例如，"火车票是乘坐火车需要出示的票据"，其中，"乘坐火车需要出示的票据"就是概念"火车票"的内涵。概念的外延就是指这个概念所反映的事物对象的范围，即具有概念所反映的属性的事物或对象。例如，"中国火车票包括硬纸票、软纸票、磁卡票、电子票"，这就是从外延角度说明"火车票"的概念。概念的内涵和外延具有反比关系，即一个概念的内涵越多，外延就越小；反之亦然。

在逻辑学中，一个概念的定义被看作是适当的，如果这个定义的用词描述的范围与概念范围相同，例如，"正方形是四个边长都相等的长方形"是一个适当的概念。概念的功能还有判断、描述、属性、范畴、定义（概念清晰度）等区别。

3）命题

命题是指一个判断（陈述）的语义（实际表达的概念），这个概念是可以被定义并观察的现象。命题不是指判断（陈述）本身，而是指所表达的语义。当相异判断（陈述）具有相同语义的时候，它们表达相同的命题。

现代逻辑对命题形式的分析：由于推理的有效性只与推理的前提和结论的形式有关，而与作为前提和结论的命题的具体内容无关。因此，在经典的二值逻辑里，命题可以只看成真（记为T）和假（记为F）两种，并统称为真值。我们来看几个命题，加深对命题的理解。

（1）正方形是四边形（真命题）。

（2）四边形是正方形（假命题）。

（3）太阳从西边出来（假命题）。

（4）三角形的内角和为180°（真命题）。

对于两个命题，如果一个命题的条件和结论分别是另外一个命题的结论和条件，那么这两个命题叫作互逆命题，其中一个命题叫作原命题，另外一个命题叫作原命题的逆命题。对于两个命题，如果一个命题的条件和结论分别是另外一个命题的条件的否定和结论的否定，那么这两个命题叫作互否命题，其中一个命题叫作原命题，另外一个命题叫作原命题的否命题。对于两个命题，如果一个命题的条件和结论分别是另外一个命题的结论的否定和条件的否定，那么这两个命题叫作互为逆否命题，其中一个命题叫作原命题，另外一个命题叫作原命题的逆否命题。

4）推理

推理是由一个或几个已知的判断（前提）推出新判断（结论）的过程，有直接推理、间接推理等。思维的基本规律是指思维形式自身的各个组成部分的相互关系的规律，即用概念组成判断，用判断组成推理的规律。规律共4条，即同一律、矛盾律、排中律和充足理由律。简单的逻辑方法是指，在认识事物的简单性质和关系的过程中，运用思维形式有关的一些逻辑方法，通过这些方法去形成明确的概念，做出恰当的判断和合乎逻辑的推理。

例如，"客观规律总是不以人们的意志为转移的，经济规律是客观规律，所以，经济规律是不以人们的意志为转移的"，这段话就是一个推理。其中"客观规律总是不以人们的意志为转移的""经济规律是客观规律"是两个已知的判断，从这两个判断推出"经济规律是不以人们的意志为转移的"这样一个新的判断。任何一个推理都包含已知判断、新的判断和一定的推理形式。作为推理的已知判断叫前提，根据前提推出新的判断叫结论。前提与结论的关系是理由与推断、原因与结果的关系。

推理与概念、判断一样，同语言密切联系在一起，推理的语言形式为表示因果关系的复句或具有因果关系的句群。常用"因为……所以……""由于……因而……""因此""由此可见""之所以……是因为……"等作为推理的系词。

2．二值逻辑的建立

"二值逻辑"是逻辑学中的经典部分，更是在计算机技术中运用较为广泛的一种逻辑，在工具书中解释为：

（1）任一命题具有且仅有"真"或"假"二值之一的各种逻辑（包括形式逻辑和数理逻辑）系统的统称。

（2）每一命题变项和公式至少在"真"或"假"二值中取一。

（3）以二元集 {0,1} 为变元的真值集的逻辑系统，0 代表"假"，1 代表"真"。

（4）在数理逻辑中称为二值逻辑，数学是典型的确定性逻辑（例外的如集合论中的悖论等）。否则即称为非确定性逻辑，或称多值逻辑。

3. 布尔代数的发展和应用

布尔代数是计算机的基础，没有它，就不会有计算机。布尔代数起源于数学领域，是由英国数学家 G. 布尔为了研究思维规律（逻辑学、数理逻辑）于 1847 年和 1854 年提出的数学模型。所谓一个布尔代数，是指一个有序的四元组 ⟨B，∨，∧，*⟩，其中 B 是一个非空的集合，∨ 与 ∧ 是定义在 B 上的两个二元运算，* 是定义在 B 上的一个一元运算，并且它们满足一定的条件。

通过布尔代数进行集合运算可以获取到不同集合之间的交集、并集或补集，逻辑运算可以对不同集合进行 AND（与）、OR（或）和 NOT（非）运算。代数结构要是布尔代数，这些运算的行为就必须和两元素的布尔代数一样，这两个元素是 TRUE（真）和 FALSE（假）。

最简单的布尔代数只有两个元素 0 和 1，它的逻辑关系如表 1-1 所示。

表 1-1　两元素的布尔代数逻辑关系

∧（与）	0（假）	1（真）
0	0	0
1	0	1
∨（或）	0（假）	1（真）
0	0	1
1	1	1
¬（非）	0（假）	1（真）
	1	0

表 1-1 中 0 为假，1 为真，∧ 为与，∨ 为或，¬ 为非。涉及变量和布尔运算的表达式代表了陈述形式，这样的两个表达式可以使用上面的公理证实为等价的，当且仅当对应的陈述形式是逻辑等价的。

由表 1-1 可知布尔代数可以判断某个命题是否符合逻辑推理过程。因此，人类的推理和判断就变成了数学运算。直到 20 世纪初，美国科学家香农指出，布尔代数可以用来描述电路，或者说，电路可以模拟布尔代数。于是，人类的推理和判断最终可以用电路实现，这就是计算机的实现基础。

4. 可计算性理论

可计算性理论，亦称算法理论或能行性理论，是计算机科学的理论基础之一，是研究计算的一般性质的数学理论。可计算性理论通过建立计算的数学模型，精确区分哪些是可计算的，哪些是不可计算的，计算的过程是执行算法的过程。可计算性理论的重要课题之一，是将算法这一直观概念精确化。算法概念精确化的途径很多，其中之一是通过定义抽象计算机，把算法看作抽象计算机的程序。通常把那些存在算法能计算其值的函数叫作可计算函数。因此，可计算函数的精确定义为：能够在抽象计算机上编出程序计算其值的函数。这样就可以讨论哪些函数是可计算的，哪些函数是不可计算的。

在计算机中，可计算性（calculability）是指一个实际问题是否可以使用计算机来解决。从广义上讲，如"现在为我建造一所房子"这样的问题是无法用计算机来解决的（至少在目前）。而计算机本身的优势在于数值计算，因此可计算性通常指这一类问题是否可以用计算机解决。事实上，很多非数值问题（例如文字识别、图像处理等）都可以通过转化成为数值问题来交给计算机处理，但是一个可以使用计算机解决的问题应该被定义为"可以在有限步骤内被解决的问题"，故哥德巴赫猜想这样的问题是不属于"可计算问题"之列的，因为计算机没有办法给出数学意义上的证明，因此也没有任何理由期待计算机能解决世界上所有的问题。分析某个问题的可计算性意义重大，它使得人们不必浪费时间在不可能解决的问题上（因而可以尽早转而使用除计算机以外更加有效的手段），集中资源使用在可以解决的问题上。

5．图灵机

所谓的图灵机就是指一个抽象的机器，它有一条无限长的纸带，纸带分成了一个一个的小方格，每个方格有不同的颜色。有一个读写头在纸带上移来移去。机器头有一组内部状态，还有一些固定的规则。在每个时刻，机器头都要从当前纸带上读入一个方格信息，然后结合自己的内部状态查找规则表，根据规则表输出信息到纸带方格上，并转换自己的内部状态，然后进行移动，如图1-5所示。

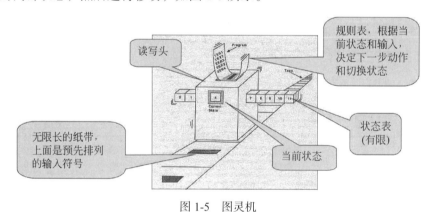

图1-5　图灵机

1）图灵机的基本思想

用机器来模拟人们用纸笔进行数学运算的过程，图灵把这样的过程看作下列两种简单的动作。

（1）在纸上写出或擦除某个符号。

（2）把注意力从纸的一个位置移动到另一个位置；而在每个阶段，人要决定下一步的动作，依赖于此人当前所关注的纸上某个位置的符号和此人基本思路当前的状态。

为了模拟人的这种运算过程，图灵构造出一台假想的机器，该机器由以下几个部分组成。

（1）一条无限长的纸带 。纸带被划分为一个一个的小格子，每个格子上包含一个来自有限字母表的符号，字母表中有一个特殊的符号表示空白。纸带上的格子从左到右依次被编号为 0，1，2，……，纸带的右端可以无限伸展。

（2）一个读写头 。该读写头可以在纸带上左右移动，它能读出当前所指的格子上的符号，并能改变当前格子上的符号。

（3）一套控制规则表 。它根据当前机器所处的状态以及当前读写头所指的格子上的符号来确定读写头下一步的动作，并改变状态寄存器的值，令机器进入一个新的状态。

（4）一个状态寄存器。它用来保存图灵机当前所处的状态。图灵机的所有可能状态的数目是有限的，并且有一个特殊的状态，称为停机状态。

注意这个机器的每一部分都是有限的，但它有一个潜在的无限长的纸带，因此这种机器只是一个理想的设备。图灵认为这样的一台机器就能模拟人类所能进行的任何计算过程。

2）Church-Turing 理论

除图灵机以外，人们还发明了很多其他的计算模型，如马克代夫算法，然而这些模型无一例外地都和图灵机的计算能力等价，因此 Church-Turing 和哥德尔提出了著名的 Church-Turing 理论。

（1）任何能直观计算的问题都能被图灵机计算。

（2）如果证明了某个问题使用图灵机是不可解决的，那么这个问题就是不可解决的。

1.2　计算思维与生活

计算思维作为一种与计算机及其特有的问题求解紧密相关的思维形式，人们根据自己工作和生活的需要，在不同的层面上利用这种思维方法去解决问题，被定义为具有计算思维能力。计算思维能力，也不简单类比于数学思维、艺术思维等人们可能追求的素质，它蕴含着一整套解决一般问题的方法与技术。

那么，什么是计算思维？计算思维在日常生活中有哪些体现呢？接下来看几个有趣的案例。

1.2.1　农夫过河问题

有位农夫带着一匹狼和一只羊，还带了一棵白菜，身处河的南岸，现在农夫要带着所有的物品去河的北岸。河边有一艘小木船，只有农夫能够划船，而且船比较小，除农夫之外每次只能运一种物品，并且还有一个棘手的问题，如果没有农夫看管，羊会偷吃白菜，狼会吃羊。请考虑一种方案，让农夫能够安全地将所有物品运过河。

1. 问题简化，合理模拟

求解这个问题的简单的方法是一步一步进行试探，每一步搜索所有可能的选择，得到前一步合适的选择再考虑下一步的各种方案。因此将农夫过河问题进行简化，首先需要对问题中每个角色的位置进行描述。一个很方便的办法是用三位二进制数顺序分别表示狼、羊和白菜的位置。用 0 表示当前所有物品在河的南岸，1 表示在河的北岸。现在问题变成：从初始状态二进制 000（全部在河的南岸）出发，寻找一种全部由安全状态构成的状态序列，它以二进制 111（全部到达河的北岸）为最终目标，并且在序列中的每一个状态都可以从前一状态到达。注意：安全状态即指三个物品之间不能同时出现两个相邻的 1 或两个相邻的 0，即狼和羊一起、羊和菜一起。为避免瞎费工夫，要求在序列中不出现重复的状态。

2. 设计算法，解决问题

（1）设置初始状态 000，即狼、羊和白菜现在都在河的南岸，农夫正式出发。

北岸

河流

南岸

图 1-6　农夫过河展示

（2）考虑到同一状态下不能出现两个相邻的 1 或两个相邻的 0，因此只有一种方案，010，即农夫带羊过河，羊在河的北岸，狼和菜在河的南岸，如图 1-6 所示。

（3）农夫正常返回，状态保持 010。

（4）剩下两个物品可任意挑选一个带走，假设农夫带狼过河，则状态更新为 110。

（5）考虑到两个 1 不能相邻，且状态不重复，因此农夫必须带羊返回，状态更新为 100。

（6）考虑到两个 0 不能相邻，且状态不重复，因此农夫带菜过河，状态更新为 101。

（7）农夫正常返回，状态保持 101。

（8）最后，农夫带羊过河，最终状态为 111，即农夫、狼、羊和白菜现在都在河的北岸。

注意：答案不唯一，能解决问题的方法均认为是正确的解决方案。事实上，上述求解的搜索过程即可以称为策略广度优先（breadth first）搜索。广度优先就是在搜索过程中总是首先搜索下面一步的所有可能状态，再进一步考虑更后面的各种情况。

1.2.2　掷铅球问题

在运动会上，选手如何使铅球投掷得最远？

1. 问题简化，忽略旁值

假设：铅球是个质点；忽略空气阻力；出手角度与出手速度无关。

2. 构建模型，解决问题

将无关数值忽略后，发现掷铅球实际就是质点抛物线运动问题。因此，构建物理模型，假设出手角度为 α，出手高度 h，出手速度 $v=(v*\cos\alpha, v*\sin\alpha)$，投掷远度 s。因此最后该问题简化为数学问题，即当选手身高为 h，出手速度 v 为最大时，出手角度 α 为多少时，s 为最大值，如图 1-7 所示。

最后，只需通过一系列的数学运算得出最佳的出手角度 α 即可。所以一个问题的提出到解决，都是有一定的步骤可循。首先，通过合理的抽象将问题简化，然后，通过有效地计算解决问题。

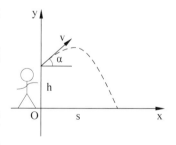

图 1-7　质点抛物线模型

1.2.3　汉诺塔问题

汉诺塔（又称河内塔）问题是源于印度一个古老传说的益智玩具。大梵天创造世界的时候做了三根金刚石柱子，在一根柱子上从下往上按照大小顺序摆着 64 片黄金圆盘。大梵天命令婆罗门把圆盘从下面开始按大小顺序重新摆放在另一根柱子上。并且规定，在小圆盘上不能放大圆盘，在三根柱子之间一次只能移动一个圆盘。

1. 问题简化，寻找规律

第一步： 先将问题简化。假设 A 杆上只有两个圆盘，如图 1-8 所示，为了将这两个圆盘移到 C 杆上，通过以下三个动作就可以实现。

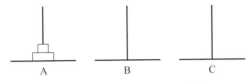

图 1-8　汉诺塔两个圆盘示意图

（1）将 A 杆最上面圆盘，移到 B 杆上。

（2）将 A 杆上剩下的圆盘移到 C 杆上。

（3）将 B 杆上面的圆盘，移到 C 杆上。

第二步： 对于一个有三个圆盘的汉诺塔，如图 1-9 所示，将这三个圆盘分成两部分，上面的两个圆盘为第一部分，最底下的圆盘为第二部分，接下来做以下几个操作。

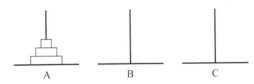

图 1-9　汉诺塔两个圆盘示意图

（1）将 A 杆上面的两个圆盘，借助 C 杆，移到 B 杆上。

（2）将 A 杆上剩下的圆盘移到 C 杆上。

（3）将 B 杆上面的两个圆盘，借助 A 杆，移到 C 杆上。

第三步： 对于一个有 N 个圆盘的汉诺塔，如图 1-10 所示，将这 N 个圆盘分成两部分，上面（N–1）个圆盘为第一部分，最底下的圆盘为第二部分，接下来做以下几个操作。

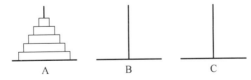

图 1-10　汉诺塔 N 个圆盘示意图

（1）将 A 杆上面的（N–1）个圆盘，借助 C 杆，移到 B 杆上。

（2）将 A 杆上剩下的圆盘移到 C 杆上。

（3）将 B 杆上面的（N–1）个圆盘，借助 A 杆，移到 C 杆上。

2. 解决问题，设计算法

通过问题简化发现，假设有 k 片圆盘，那么一定在某一次移动时得到一种状态，即 A 杆上有最后一个大圆盘，B 杆上是 k−1 个圆盘。假设移动次数是 f(k)，可以看出：

$$f(k+1) = 2f(k) + 1$$

最后通过数学算法解决问题，经过对于公式的计算，得出关于 N 个圆盘的通式：

$$f(n) = 2^N - 1$$

结论：假设移动一个圆盘需要 1s，当 N = 64 时，则一共需约 584 942 417 355 年。

1.2.4 啤酒与尿布问题

在美国沃尔玛超市的货架上，尿片和啤酒赫然地摆在一起出售。为什么呢？明明两个毫无关联的商品为何放在一起销售？原来，沃尔玛超市人员从大量的销售单中发现，每逢周末，啤酒和尿片的销量都会额外增加。经调查发现，在有孩子的家庭中，太太经常嘱咐丈夫下班后要买尿片，而丈夫们在买完尿片以后又会顺手买啤酒。搞清原因后，沃尔玛的工作人员打破常规，尝试将啤酒和尿片摆在一起，结果使得啤酒和尿片的销量双双激增，为商家带来了大量的利润。

因此，通过从浩如烟海却又杂乱无章的销售数据中，发现啤酒和尿片这类商品销售之间的联系进行延伸。人们在大数据时代，如何对于海量数据进行挖掘和运用，如何解决类似烦冗复杂的数据问题，决定着每一个行业的成败。而这，不再是简单的一两个函数就可以解决，需要构建对应的数学模型、销售模型等，通过计算机大量的运算验证才能获得最终有效的数据。

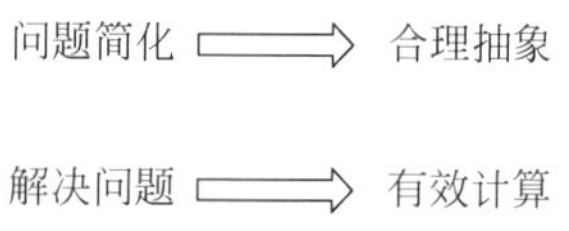

通过上述案例分析，我们发现，无论是什么问题，无论问题复杂度如何，解决问题的思路都是一致的。先通过合理的抽象将问题逐一简化，然后再运用已有知识构建对应模型或算法，通过有效的计算解决每一个小问题，最终完成整个问题的解决，如图 1-11 所示。这，就是计算思维典型的思考方式。

图 1-11 计算思维典型思考方式

1.3 计算思维的本质

每个人都应该学习一门编程语言，学习编程教你如何思考，就像学法律一样。学法律的人未必都成为律师，但法律教你一种思考方式。同样，编程教你另一种思考方式，所以我把计算机科学看成基础教育，是每个人都应该花一年时间学习的课程。

来源：访谈纪录片《乔布斯：遗失的访谈》

1.3.1 科学思维的形式

理论科学、实验科学和计算科学作为科学发现的三大支柱，推动着人类文明的进步和科技的发展，这种说法已被科学文献广泛引用。三种科学对应着三种思维，分别是理论思维、实验思维和计算思维。

1. 理论思维

理论思维又叫推理思维，以推理和演绎为特征，是以科学的原理、概念为基础来解决问题的思维活动，以数学学科为代表。理论思维是人的理性认识阶段，是人运用概念、判断、推理等思维类型反映事物本质与规律的认识过程，又称逻辑思维。例如，用"水是生命之源"的理论来解释干旱对世界万物的影响。理论思维是人类在知识和事实经验基础上形成的认识事物本质、规律和普遍联系的一种理性思维，其特点在于抽象性。同那种仅仅以事实经验为根据、按照经验的惯性而进行的思维，即单纯的经验思维不同，理论思维不受事实经验的特殊时空限制，运用分析综合、归纳演绎等科学的抽象方法，超越事实，从有限中把握无限，从相对中认识绝对，从特殊中认识一般，透过现象把握本质，获得规律性的知识。逻辑、概念、范畴是理论思维的基本元素，它是通过数学的推理发现公理或规则得出结论的一种思维，例如农夫过河问题、汉诺塔问题。

2. 实验思维

实验思维又叫实证思维，以观察和总结自然规律为特征，以物理学科为代表。与理论思维不同，实验思维需要借助一些特定设备，并用它们获取数据并进行分析。

（1）从现象中获得直观认识，用简单的数学形式表示，以建立量的概念。

（2）用数学方法导出另一个易于实验证实的数量关系。

（3）通过实验验证这种数量关系。

（4）反复验证实验结果，得出最终结论。

对实验思维来说，最重要的事情就是设计制造实验仪器和建立理想的实验环境。它是通过物理实验的方法进行重现、自洽，得出预见结果的一种思维，例如扔铅球问题、房屋搭建问题。

3. 计算思维

计算思维以设计和构造为特征，以计算机学科为代表。它有很多科学方法，包括实验方法、理论方法、计算方法。人们将根据自己工作和生活的需要，在不同的层面上利用这种思维方法去解决问题。

计算思维是通过计算机自动模拟的一种思维，它能解决实证思维和逻辑思维不能解决的问题，像大量复杂问题求解、宏大系统建立、大型工程组织都可通过计算模拟，例如核爆炸、蛋白质生成、大型飞机设计、舰艇设计等。

还记得我们之前举过的掷铅球和汉诺塔这两个例子吗？如果汉诺塔的层数不再仅仅是 64 层，而是 64×64 层，又或者是更多呢？即便我们设计出合理的数学模型，但是面对庞大的计算过程，人类要如何计算？可见人类的计算能力是有限的，当人类在客观条件下无法计算出数据结果时，计算机的优势就立刻显现出来。

从问题简化抽象、建立模型，再到计算机自动运行计算，这一系列解决问题的思维方式，就是计算思维的本质，用五个字来概括：抽象，自动化；用八个字来概括：合理抽象、高效算法。计算的根本问题是什么能被有效地自动进行。

抽象是指对物理世界进行建模和模拟，把物理世界的变化解释成一种计算的过程；把对物理性质的研究也看成一种计算的过程。这就是由具体上升到一般的过程。

合理抽象是指懂得计算的能力和极限，知道哪些问题可以计算，哪些问题不可以计算，这就是可计算性。把待解决的问题抽象成有效的计算过程，建立有效的计算模型。

算法是指解题方案准确而完整的描述，是一系列解决问题的清晰指令或步骤。能够对一定规范的输入，在有限时间内获得所要求的输出。

解决同一个问题有不同的算法，高效算法是指如何设计计算过程在最短时间内正确可靠地完成的计算方法。用计算的方法来解决现实问题，要学会对问题进行有效的分解，从而快速获得计算结果。

自动化是指机器设备、系统或过程（生产、管理过程）在没有人或较少人的直接参与下，按照人的要求，经过自动检测、信息处理、分析判断、操纵控制，实现预期目标的过程。

因此，面对大数据量或是更复杂的问题时，我们需要将问题简单化（即合理抽象），然后构建解决问题的模型（即高效计算），最后，通过编程的手段输入到计算机内，通过计算机来完成一系列复杂的运算过程（即自动化）。

1.3.2　计算思维的特征

艾兹格·迪科斯彻（Edsger Dijkstra），荷兰人，计算机科学家，是20世纪50年代ALGOL语言的一个主要贡献者。他认为"我们所使用的工具影响着我们的思维方式和思维习惯，从而也将深刻地影响着我们的思维能力"。计算的发展在一定程度上影响着人类的思维方式，从最早的结绳计数，发展到目前的电子计算机，人类的思维方式也随之发生了相应的改变。例如，计算生物学正在改变着生物学家的思考方式；计算博弈理论正在改变着经济学家的思考方式；纳米计算正在改变着化学家的思考方式；量子计算正在改变着物理学家的思考方式。

由此可见，计算思维已成为各个专业求解问题的一条基本途径，这种思维将成为每一个人的技能组成部分，而不仅仅限于科学家。计算思维之于明天就如普适计算之于今天。普适计算是已成为今日现实的昨日之梦，而计算思维就是明日现实。

2006年3月，美国卡内基-梅隆大学计算机科学系教授周以真（Jeannette M.Wing），在美国计算机权威期刊 *Communications of the ACM* 上提出了"计算思维"（computational thinking）的概念和详细定义："计算思维是运用计算机科学的基础概念进行问题求解、系统设计以及人类行为理解等涵盖计算机科学之广度的一系列思维活动。"她认为，计算机科学要超越任何行政、任何国家的边界，这是对于计算机科学的一个远大想法。计算机应该是在21世纪中期每个人都应该掌握的一个技能，就像读书写字一样。2011年，她对计算思维进行重新定义，认为"计算思维是一种解决问题的思维过程，能够清晰、抽象地将问题和解决方案用信息处理代理（机器或人）所能有效执行的方式表述出来"。与此同时，随着对计算思维研究的不断深入，一些学者及研究机构对计算思维也进行了定义。2009年，Denning认为计算思维最重要的是对于抽象的理解、不同层次抽象的处理能力、算法化的思维和对大数据等造成的影响的理解。2012年，Aho提出计算思维是问题界定的一种思维过程，它可以使解决方案通过计算步骤或者算法来表示。我国学者董荣胜等认为计算思维是运用计算机科学的思想与方法去求解问题、设计系统和理解人类的行为，它包括了涵盖计算机科学之广度的一系列思维活动。

2011 年，国际教育技术协会（ISTE）和计算机科学教师协会（CSTA）联合提出了计算思维的操作性定义，将运用计算思维进行问题解决的过程进行了表述。此定义将计算思维界定为问题解决的过程。在这个过程中，先形成一个能够用计算机工具解决的问题，然后在此基础上逻辑化组织和分析数据，使用模型和仿真对数据进行抽象表示，再通过算法设计实现自动化解决方案；同时，以优化整合步骤、资源为目标，分析和实施方案，并将解决方案进行总结，迁移到其他问题的解决中。

综上所述，目前关于计算思维的定义虽然并没有形成较为统一的定义，但在进行计算思维的阐释时，很多学者都描述了计算思维的主要构成元素。学者们对要素的意见都较为一致，综合来看，主要包括抽象、概况、分解、算法、调试等。同时，关于计算思维的内涵，大部分学者较为认可周以真教授的观点，即"概念化，不是程序化；根本的，不是刻板的技能；是人的，不是计算机的思维方式；数学和工程思维的互补与融合；是思想，不是人造物；面向所有的人，所有地方"。

1.3.3　计算思维的延伸

计算思维的关键：用计算机模拟现实世界。基于此，我们思考两个问题。

（1）计算思维建立在计算过程的能力和限制之上，需要考虑哪些事情人类比计算机做得好，哪些事情计算机做得比人类好。最根本的问题是：什么是可计算的？

这其中就牵扯到可计算性的问题，什么能（有效地）自动进行；什么不能（有效地）自动进行。可计算性理论（computability theory）是研究计算的一般性质的数学理论，也称算法理论或能行性理论。可计算性理论通过建立计算的数学模型，精确区分哪些是可计算的，哪些是不可计算的。计算的过程是执行算法的过程，是将算法这一直观概念精确化。算法概念精确化的途径很多，其中之一是通过定义抽象计算机，把算法看作抽象计算机的程序。通常把那些存在算法计算其值的函数叫作可计算函数。因此，可计算函数的精确定义为：能够在抽象计算机上编出程序计算其值的函数。这样就可以讨论哪些函数是可计算的，哪些函数是不可计算的。

（2）在可计算的前提下，根据现实世界构建的模型一定都是合理的吗？

在日常生活中，容易发现很多客观存在却不合理的设计，例如插座插口不匹配，三个插口不能与两个插口的一起使用，如图 1-12 所示。

由此可见，在现实生活中仍存在普遍不合理设计，在计算机世界，无论是问题抽象、模型建立、算法编写、程序运行等各个环节，均要考虑到整个流程的正确性与合理性。为了得到

图 1-12　多个插口示意图

正确的结论，在进行系统分析、预测和辅助决策时，必须保证模型能够准确地反映实际系统并能在计算机上正确运行。因此，必须对模型的有效性进行评估。模型有效性评估主要包括模型确认和模型验证两部分内容：模型确认考察的是系统模型（所建立的模型）

与被仿真系统（研究对象）之间的关系；模型验证考察的则是系统模型与模型计算机实现之间的关系。

最后，以日常生活中"逛超市"为例，体现计算思维在日常生活与计算机世界的相互映射。

① 当你打算去超市买东西，会把需要买的钱和东西放进包里——这就是预置。

② 当你走到一半，发现钱包不见了，你会沿走过的路回头寻找——这就是回推。

③ 到超市后，将不需要的东西寄存起来——这就是缓存。

④ 在超市买完东西打算付账时，你开始考虑应当去排哪个队呢？从众多的队伍中挑选人数最少、排队时间最短的队伍——这就是多服务器系统的性能模型。

1.4　本章小结

本章首先从计算工具的发展和计算思想的形式化两个方面讲解计算机的产生。按照历史的发展讲解具有先进代表意义的计算工具，了解计算工具的发展；分别从逻辑学、命题、二值逻辑、布尔关系、可计算性、图灵机六个方面讲解计算思想的形式化。接着通过生活中案例和问题的解决，感受并理解什么是计算思维，掌握计算思维的概念、本质以及特征。最后学会如何抽象问题，并将计算思维与计算机知识相关联。

关键点概括如下。

（1）计算思维概念：运用计算机科学的基础概念进行问题求解、系统设计，以及人类行为理解的涵盖了计算机科学之广度的一系列思维活动。

（2）计算思维的本质：抽象、自动化（合理抽象、高效计算）。

（3）计算思维能力：建立起利用计算机技术解决问题的思路，并理解问题的可求解性。

（4）计算机解题方法：利用计算机解决一个具体问题时，一般需要经过以下几个步骤。

① 理解问题，寻找解决问题的条件。

② 对一些具有连续性质的现实问题，进行离散化处理。

③ 从问题抽象出一个适当的数学模型，然后设计或选择解决这个数学模型的算法。

④ 按照算法编写程序，并且对程序进行调试和测试。

⑤ 运行程序，直至得到最终的解答。

1.5　本章习题

1. 简要说明什么是计算思维。

2. 在计算机中哪些问题不可计算？

3. 请举出一例日常生活中可以体现计算思维的事情（或问题），并从计算思维的角度来具体描述事情（或问题）是如何被抽象并解决的。

4. 假设有一个英语词典，现在需要快速地找到"Hello"这个单词，你能想到几种方法？并比较这几种方法的优劣。

5．小明有 12 张面额分别为 10 元、20 元、50 元的纸币，共计 220 元，其中 10 元纸币的数量是 20 元纸币数量的 4 倍，请问 10 元、20 元、50 元的纸币各多少张？请设计数学模型并计算出结果。

6．求和：$1+4+7+10+\cdots+N$，请设计出该计算过程的数学模型并给出计算结果。

第 2 章 计算机基础

在第 1 章中，我们初步了解了计算思维的存在形态和发展过程，揭示了计算思维的核心本质，即抽象和自动化，同时明确了我们在解决客观问题过程中需要养成简化、抽象的思维方式。如果计算思维可以辅助我们更好地了解事物的规律，找到解决问题的办法和途径，那实现自动化过程的载体——计算机又是一个怎样的原理和组成呢？

在第 2 章中，将进一步来探讨自动化过程的主角——计算机。作为计算思维重要的辅助工具，我们有必要了解它的基本组成部件，各部件的工作状态以及在计算思维过程中各自起到的作用。通过相对全面地了解计算机的组成及内部运行机制，可以更好地为我们掌握计算思维提供帮助。

2.1 计算机的组成与冯·诺依曼体系

2.1.1 计算机的组成

一台完整的计算机并非只是我们可以看得到、摸得着的那个冷冰冰的机器，必须有计算机软件的参与，所谓的"计算机"才能工作，才可以称得上是真正意义的计算机，因此，计算机系统由硬件和软件两大部分构成。

所谓硬件是指计算机的实体部分，它是由各种电子元器件，各类光、电、机设备的实物构成，我们常说的硬盘、内存、CPU 等都属于计算机硬件。计算机硬件由运算器、控制器、存储器、输入设备和输出设备五部分组成。

而软件则是看不见摸不着的，由人们预先编写的、具有指定功能的程序构成，这些软件寄存在计算机的主存和辅存之中，主存和辅存将在之后的章节中介绍。我们又把计算机软件分为两类：系统软件和应用软件。系统软件是控制和协调计算机及外部设备，支持应用软件开发和运行的系统，是无须用户干预的各种程序的集合，主要功能是调度、监控和维护计算机系统，负责管理计算机系统中各种独立的硬件，使得它们可以协调工作，例如，操作系统即属于系统软件；而应用软件则是和系统软件相对应的，是用户使用的各种程序设计语言编制的应用程序的集合，例如，我们平时使用的 Office 软件、QQ 聊天工具即属于应用软件。

2.1.2 冯·诺依曼体系

为了更加规范、清晰地描述计算机的基本结构和工作方式，美籍匈牙利数学家冯·诺依曼提出了著名的冯·诺依曼原理，为计算机的产生和发展奠定了重要的理论基础。

我们把冯·诺依曼原理总结为以下三个方面内容。

（1）计算机处理的数据和指令一律用二进制数表示。

（2）计算机的运行是以顺序运行程序为基础的，即把要执行的程序和处理的数据首先存入主存储器（内存），计算机执行程序时，将自动地并且按顺序从主存储器中取出指令，一条一条地执行。

（3）计算机硬件由运算器、控制器、存储器、输入设备和输出设备五大部分组成。

冯·诺依曼原理是现代计算机的基础，简单来说，冯·诺依曼体系结构构成的计算机，必须具有如下功能：把需要的程序和数据送至计算机中，必须具有长期记忆程序、数据、中间结果及最终运算结果的能力，能够完成各种算术运算、逻辑运算和数据传送等数据加工处理的能力，能够根据需要控制程序走向，并能根据指令控制机器的各部件协调操作，能够按照要求将处理结果输出给用户。关于运算器、控制器、存储器、输入和输出设备，如图 2-1 所示，将会在之后的章节中介绍。

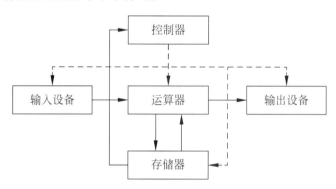

图 2-1　冯·诺依曼体系下的计算机硬件五大部件组成

2.1.3 中央处理器

中央处理器（Central Processing Unit，CPU）相当于计算机的大脑，它由一块超大规模的集成电路构成，是一台计算机的运算核心和控制核心，2.1.2 节提到的运算器和控制器都是 CPU 最核心的部分，不仅如此，CPU 还包含少量存储单元以及时钟等。CPU 的功能主要是解释计算机指令以及处理计算机软件中的数据，外观如图 2-2 所示。

运算器（arithmetic unit）是计算机的数据运算和处理中心，主要由算术逻辑单元（ALU）、累加器、状态寄存器、通用寄存器组等组成。算术逻辑运算单元的基本功能为加、减、乘、除四则运算，与、或、非、异或等逻辑操作，以及移位、求补等操作。计算机运行时，运算器的操作和操作种类由控

图 2-2　CPU 外观

制器决定。运算器处理的数据来自存储器；处理后的数据结果通常送回存储器，或暂时寄存在运算器中。

控制器（control unit）是计算机的控制中心，它一般包括指令控制逻辑、时序控制逻辑、总线控制逻辑以及中断控制逻辑等。控制器为计算机程序的正确执行和异常事件处理提供了保证，决定了计算机运行过程的自动化。

CPU 是整个计算机系统的核心，系统的性能好坏很大程度上取决于 CPU 的性能。下面简要介绍一下 CPU 的主要性能指标。

（1）主频。即 CPU 的时钟频率，单位是 MHz（或 GHz）。它反映 CPU 的运算和处理数据的速度，也就是通常主频越高，CPU 的速度越快。

（2）外频。通常为系统总线的工作频率，单位和主频单位一样是 MHz（或 GHz）。外频决定 CPU 与主板同步的运行速度。

（3）工作电压。即 CPU 正常工作时的电压，单位是 V。早期 CPU（386、486）由于工艺落后，它们的工作电压一般为 5V，发展到奔腾 586 时，已经是 3.5V/3.3V/2.8V 了，随着 CPU 的制造工艺与主频的提高，CPU 的工作电压有逐步下降的趋势。低电压能让可移动便携式笔记本、平板的电池续航时间提升；其次，低电压能使 CPU 工作时的温度降低，温度低才能让 CPU 工作在一个非常稳定的状态；另外，低电压能使 CPU 在超频技术方面得到更大的发展。

（4）缓存。CPU 缓存（cache memory）是位于 CPU 与内存之间的临时存储器，它的容量比内存小得多但是交换速率却比内存要快得多。它主要是为了解决 CPU 运算速率与内存读写速率不匹配的矛盾，因为 CPU 运算速率要比内存读写速率快很多，这样会使 CPU 花费很长时间等待数据到来或把数据写入内存。在缓存中的数据是内存中的一小部分，但这一小部分是短时间内 CPU 即将访问的，当 CPU 调用大量数据时，就可避开内存直接从缓存中调用，从而加快读取速率。

（5）字长。字长是 CPU 在单位时间内一次处理二进制数的位数。因此，当 CPU 单位时间内能够处理字长为 32 位时，我们称该 CPU 为 32 位的 CPU。

此外，CPU 的性能指标还包括倍频系数、前端总线频率等。

2.1.4　存储器

存储器（memory）是计算机中存储程序和各种数据的部件，外观如图 2-3 所示，并能在计算机运行过程中高速、自动地完成程序或数据的存取。

图 2-3　存储器外观

根据不同的界定方式，对存储器有不同的分类。

（1）按存储介质分类，存储器可分为半导体存储器、磁存储器以及光存储器。所谓半导体存储器，是一种以半导体电路作为存储介质的存储器，例如计算机的内存储器；磁存储器采用磁性材料作为存储介质，例如磁带、磁盘；光存储器是指用光学方法从光存储介质上读取和存储数据的一种存储设备，例如只读光盘。

（2）按存取方式分类，存储器可分为随机存储器和顺序存储器。随机存储器是任何存储单元的内容都能被随机存取，且存取时间和存储单元的物理位置无关；而顺序存储器则只能按某种顺序来存取，存取时间和存储单元的物理位置有关。

（3）按读写功能分类，存储器可分为只读存储器（ROM）和随机读写存储器（RAM）。只读存储器的存储内容是固定不变的，它是只能读出而不能写入的存储器；而随机读写存储器则是既能读出又能写入的存储器。

（4）按其作用分类，存储器可分为主存储器、辅存储器、缓冲存储器以及闪速存储器。主存储器又称为主存、内存，它用于存放系统正在执行的程序以及处理的数据，它可以与 CPU 直接进行数据的交换；而辅存储器又称为辅存、外存，它用来存放暂时不执行的程序或数据，做长期保存信息之用，它不可与 CPU 直接进行数据的交换；缓冲存储器简称缓存（cache），当 CPU 要读取一个数据时，首先从 CPU 缓存中查找，找到就立即读取并送给 CPU 处理；没有找到，就从速率相对较慢的内存中读取并送给 CPU 处理，同时把这个数据所在的数据块调入缓存中，可使之后对整块数据的读取都从缓存中进行，不必再调用内存。闪速存储器简称闪存（flash memory），它是一种非易失性的存储器，数据删除不是以单个的字节为单位，而是以固定的区块为单位的，因此其亦具备快速擦除和重写的功能。

2.1.5　输入 / 输出设备

输入 / 输出（Input/ Output，I/O）设备又称为外部设备，简称为外设。其包括输入设备和输出设备两个部分，输入设备是向计算机输入数据和信息的设备，输出设备则指计算机硬件系统的终端设备，用于接收计算机数据的输出显示、打印、声音、控制外围设备操作等。

常见的输入设备有键盘、鼠标器、扫描仪、传真机等，如图 2-4 所示。

常见的输出设备有显示器、音箱、打印机等，如图 2-5 所示。

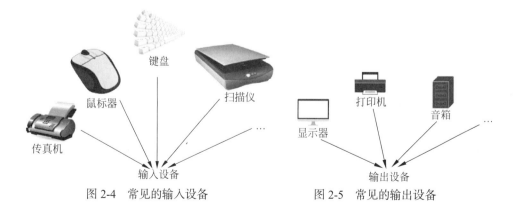

图 2-4　常见的输入设备　　　　图 2-5　常见的输出设备

2.2 机器数与进制转换

2.2.1 机器数与数制

机器数是将符号数字化的数，是数字在计算机中的二进制表示形式。机器数有两个特点：一是符号数字化；二是其数的大小受机器字长的限制。根据冯·诺依曼体系，计算机处理的数据和指令一律用二进制数表示，所谓二进制，就是"逢二进一"，在我们人类生活中，最常用的是十进制，也就是"逢十进一"。为了更加清晰地了解二进制，我们先研究一下十进制有什么样的特点。

下面来了解两个概念：基数和位权。基数是数制所使用数码的个数。例如，十进制的基数为10。而位权是数制中某一位上的1所表示数值的大小（所处位置的权值）。例如，十进制的123.4，按照从左到右的顺序，百位上的1的位权是100，十位上的2的位权是10，个位上的3的位权是1，十分位4的位权是0.1。

通过对上述概念的了解，我们发现十进制是以10为基数的数字系统，即它由0，1，2，3，4，5，6，7，8，9这十个基本数字组成，超过9这个最大的十进制基本数字之后，变成进位，即"逢十进一"。

这样，我们可以将一个十进制数按权展开得到的多项式，例如十进制数字123.4，我们可以将其描述为：

$$(123.4)_{10}=1 \times 10^2 + 2 \times 10^1 + 3 \times 10^0 + 4 \times 10^{-1}$$

我们发现，位权是基数的整数幂。

以此类推，各个进制的基数、位权以及记数符号如表2-1所示。

表2-1 各个进制的基数、位权以及记数符号

进 制 数	基 数	位 权	记 数 符 号
十进制	10	10^i	0，1，2，…，9
二进制	2	2^i	0，1
八进制	8	8^i	0，1，2，…，7
十六进制	16	16^i	0～9，A，B，C，D，E，F
R 进制	R	R^i	不同的进制可能有不同的记数符号

由于二进制表示数字容易实现（只有0和1），并且二进制运算规则简单（逢二进一），另外二进制编码在物理上最容易实现（自然界中具有两个固定状态的物理量很多，例如电流的有无、电压的高低、开关、二极管的导通与截止等），因此计算机采用二进制作为数制。当然，为了表示方便，一个二进制数位数太长，容易出错，所以有时也采用八进制和十六进制数来表示。

2.2.2　数制转换

1. 二进制数转换为十进制数

一个二进制数转换为十进制数规则是按"权"展开，然后求和。

【例 2-1】 将二进制数 $(1101.101)_2$ 转换为十进制。

$$(1101.101)_2 = 1 \times 2^3 + 1 \times 2^2 + 0 \times 2^1 + 1 \times 2^0 + 1 \times 2^{-1} + 0 \times 2^{-2} + 1 \times 2^{-3} = (13.625)_{10}$$

2. 十进制数转换为二进制数

一个十进制数转换为二进制数，我们可以分为整数和小数（若包含小数部分）两个部分进行。

（1）整数部分转换：除二取余，直到商为零为止，从低到高读数。

【例 2-2】 将十进制数 $(13)_{10}$ 转换为二进制数，过程如图 2-6 所示。

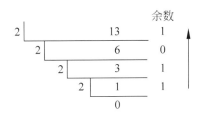

图 2-6　十进制整数转换为二进制数的过程

根据 $(13)_{10}$ 除二取余，并不断对所得的商进行除二取余，直到商为零，最后将每次的余数逆序读取，得到

$$(13)_{10} = (1101)_2$$

（2）小数部分转换：乘二取整，直到小数部分为零或给定的精度为止，从高到低读数。

【例 2-3】 将十进制数 $(0.625)_{10}$ 转换为二进制数，过程如图 2-7 所示。

```
                        整数
          0.625
      ×     2
      ─────────────
          1.250        1
          0.25
      ×     2
      ─────────────
          0.50         0
          0.5
      ×     2
      ─────────────
          1.0          1
          0
```

图 2-7　十进制小数转换为二进制数的过程

根据 $(0.625)_{10}$ 乘二取整，并不断对所得的积的小数部分进行乘二取整，直到积的小数部分为零，最后将每次取出的整数顺序读取，得到

$$(0.625)_{10} = (0.101)_2$$

通过上述两个例子，分别对 $(13)_{10}$ 和 $(0.625)_{10}$ 进行相应的二进制转换，我们发现，

一个由整数部分和小数部分组合成的十进制数，是分别将其的整数部分和小数部分转换为二进制数，然后将结果相加，即

$$(13.625)_{10} = (1101.101)_2$$

与前面介绍的二进制数转换为十进制数的结果吻合。

以此类推，十进制转化为其他进制，整数部分转化方法仍为除 R 取余法；小数部分的转化方法仍为乘 R 取整法。

3. 二进制/八进制相互转换与二进制/十六进制相互转换

由于 $8=2^3$，所以二进制数转换为八进制数采用的方法是"三合一法"。整数部分：自右向左，三个一组，不够补零，每组对应一个八进制数码。小数部分：自左向右，三个一组，不够补零，每组对应一个八进制数码。

同样的，由于 $16=2^4$，所以二进制数转换为十六进制数采用的方法是"四合一法"。整数部分：自右向左，四个一组，不够补零，每组对应一个十六进制数码。小数部分：自左向右，四个一组，不够补零，每组对应一个十六进制数码。

【例 2-4】 将二进制数 $(10100101.10111)_2$ 分别转换为八进制数和十六进制数。

按照上面的方法，我们可得

$$(10100101.10111)_2 = (010\ 100\ 101.101\ 110)_2$$

于是，$(010\ 100\ 101.101\ 110)_2$ 中，二进制码 010、100、101、101、110 分别对应八进制的 2、4、5、5、6，因此可得

$$(10100101.10111)_2 = (245.56)_8$$

同理，若将其转换为十六进制，则采用四个一组，即

$$(10100101.10111)_2 = (1010\ 0101.1011\ 1000)_2$$

于是，$(1010\ 0101.1011\ 1000)_2$ 中，二进制码 1010、0101、1011、1000 分别对应十六进制的 A、5、B、8，因此可得

$$(10100101.10111)_2 = (A5.B8)_{16}$$

通过上述的规律，将八进制数和十六进制数转换为二进制数，可分别采用"一分为三法"和"一分为四法"，即将一个八进制数或十六进制数每一位上的数值分成三个或四个二进制数，用三位或四位二进制按权相加，最后得到相应的二进制数。

【例 2-5】 将十六进制数 $(A8.81)_{16}$ 转换为二进制数。

按照上面所述，A 对应二进制数 1010，8 对应二进制数 1000，8 对应二进制数 1000，1 对应二进制数 0001，得到

$$(A8.81)_{16} = (10101000.10000001)_2$$

【例 2-6】 将八进制数 $(71.43)_8$ 转换为二进制数。

同理，7 对应二进制数 111，1 对应二进制数 001，4 对应二进制数 100，3 对应二进制数 011，得到

$$(71.43)_8 = (111001.100011)_2$$

2.3　计算机中的编码

2.3.1　数据在计算机中的表示

生活中，我们用厘米（cm）、分米（dm）、米（m）等单位来表示长度，用千克（kg）、克（g）等单位来表示质量，那么数据在计算机中存储也有自己的单位，这就是存储单元结构。在计算机中最小的信息单位是 bit，也就是一个二进制位，8bit 组成 1Byte，也就是字节。字节是构成字的单位，根据机器位数的不同，若干字节构成一个字（在 x86 机器中，一个字等于 2 字节；在 32 位机器中，一个字等于 4 字节；在 64 位机器中，一个字等于 8 字节）。一个存储单元可以存储 1 字节，也就是 8 个二进制位。

字长是直接用二进制代码指令表达的计算机语言，指令是用 0 和 1 组成的一串代码，它们有一定的位数，并分成若干字长段，各段的编码表示不同的含义，是指计算机的每个字所包含的位数。例如某台计算机字长为 16 位，即有 16 个二进制数组成一条指令或其他信息。字长总是 8 的整数倍。

$$1K=1024,\ 1M=1024K,\ 1G=1024M,\ 1T=1024G$$

计算机中采用二进制来表示数据。在计算机中，使用的二进制只有 0 和 1 两种值。

2.3.2　原码、反码、补码

机器数也有不同的表示法，常用的有三种：原码、补码和反码。

（1）原码：对一个二进制数而言，若用最高位表示数的符号（0 表示正数，1 表示负数），其余各位表示数值本身，则称为该数的原码表示法。

例如，若整数 $X=(+7)_{10}=+0000111$，则 $[X]_{原}=00000111$；若 $X=(-7)_{10}=-0000111$，则 $[X]_{原}=10000111$。

若小数 $Y=+0.1011$，则 $[Y]_{原}=0.1011$；若 $Y=-0.1011$，则 $[Y]_{原}=1.1011$。

在整数的原码表示中，零有两种表示形式，即

$$[+0]_{原}=00000000,\ [-0]_{原}=10000000$$

8 位整数原码能表示的十进制数范围为 $-127 \sim +127$。

（2）反码：正数的反码和正数的原码一样；负数的反码符号位为"1"，其余各位在正数原码基础上求反，即 0 变为 1，1 变为 0。

例如，若整数 $X=(+7)_{10}=+0000111$，则 $[X]_{反}=00000111$；若 $X=(-7)_{10}=-0000111$，则 $[X]_{反}=11111000$。

若小数 $Y=+0.1011$，则 $[Y]_{反}=0.1011$；若 $Y=-0.1011$，则 $[Y]_{反}=1.0100$。

在整数的反码表示中，零有两个编码，即

$$[+0]_{反}=00000000,\ [-0]_{反}=11111111$$

8 位整数反码能表示的十进制数范围为 $-127 \sim +127$。

（3）补码：正数的补码与原码、反码相同，负数的补码符号位为"1"，其余各位在正数原码基础上求反，再在末位加 1，有进位时向前进位。（其实补码就是反

码 +1。）

例如，若整数 X=(+7)₁₀=+0000111，[X]补=00000111；若 X=(-7)₁₀=-0000111，则 [X]补=11111001。

若小数 Y=+0.1011，则 [Y]补=0.1011；若小数 Y=-0.1011，则 [Y]补=1.0101。

在整数的补码表示中，0 有唯一的编码，即

$$[+0]_补 = [-0]_补 = 00000000$$

8 位整数补码能表示的十进制数范围为 -128～+127。

归结起来，正机器数的符号位用 0 表示，数值不变。即

$$[X]_原 = [X]_反 = [X]_补$$

负机器数的原码，符号位用 1 表示，数值不变。反码的符号位用 1 表示，数值按位取反。补码的符号位用 1 表示，数值按位取反 +1 或反码 +1。

思考： 为什么计算机中有原码、反码、补码的编码方式呢？

由于计算机无法描述负号，但是负数却很可能会产生，为了解决这个问题，把左边第一位空出位置，存放符号，正用 0 来表示，负用 1 来表示，原码因此产生。可是，又出现了一个新的问题，我们希望（+1）和（-1）相加是 0，但计算机只能算出 0001(+1)+1001(-1)=1010(-2)，这不是我们想要的结果，为了解决"同一个数的正负相加等于 0"的问题，在原码的基础上，产生了反码，反码表示方式是用来处理负数的，符号位置不变，其余位置相反。但是，却有两个零存在，+0 和 -0，我们希望只有一个 0，所以产生了补码，同样是针对负数做处理的。我们要处理反码中的"-0"，当 1111 再补上一个 1 之后，变成了 10000，丢掉最高位就是 0000，刚好和左边正数的 0，完美地进行了融合，这样就解决了 +0 和 -0 同时存在的问题。

2.3.3 其他几种编码

1. BCD 码

BCD 码（Binary-Coded Decimal，BCD），亦称二进码十进数。它是用 4 个二进制数表示一个十进制数的编码，BCD 码有多种编码方法，常用的有 8421 码。8421 码是将十进制码 0～9 中的每个数分别用 4 位二进制编码表示，对于多位数，只需将它的每一位数字用 8421 码直接列出即可。

8421 码与十进制数的对应关系如表 2-2 所示。

表 2-2 8421 码与十进制数的对应关系

十进制数	0	1	2	3	4	5	6	7	8	9
8421 码	0000	0001	0010	0011	0100	0101	0110	0111	1000	1001
十进制数	10	11	12	13	14	15	16	17	18	19
8421 码	0001 0000	0001 0001	0001 0010	0001 0011	0001 0100	0001 0101	0001 0110	0001 0111	0001 1000	0001 1001

2. 西文信息的编码与表示

我们已经知道数据在计算机中的表示方法，那么字符在计算机中如何表示呢？例如

回车、空格、字母等。它们都以二进制编码方式存入计算机并得以处理，这种对字母和符号进行编码的二进制代码称为字符代码（Character Code）。在计算机系统中有两种重要的字符编码方式：ASCII 和 EBCDIC。

EBCDIC（扩展的二 - 十进制交换码）是西文字符的一种编码。采用 8 位二进制码表示，共有 256 种不同的编码，可表示 256 个字符。

目前计算机中普遍采用的是 ASCII（American Standard Code for Information Interchange）码，即美国信息交换标准代码。它使用 8 个二进制位进行编码，其中字节（8 位）最高位为 0，7 位给出 128 个编码，这样用一个整数值来表示一个字符。表 2-3 展示了几种常见字符对应的二进制码和十进制码。

表 2-3　几种常见字符对应的二进制码和十进制码

字符或动作	二 进 制 码	十 进 制 码
=	0111101	61
A	1000001	65
a	1100001	97
换行	0001010	10
响铃	0000111	7
回车	0001101	13

ASCII 字符集共有 128 个字符，其中有 96 个可打印字符，包括常用的字母、数字、标点符号等，另外还有 32 个控制字符。

3．汉字编码

汉字也是字符，是中文的基本组成单位。我国文化博大精深，汉字数量非常大（目前汉字的总数已超过 8 万个）、字形复杂、异体字多、同音字多。要想在计算机中处理汉字，必须解决汉字的输入编码、存储编码、显示和打印字符的编码问题。汉字编码（Chinese character encoding）就是为汉字设计的一种便于输入计算机的代码。

计算机中汉字的表示也是用二进制编码，同样是人为编码的。根据应用目的的不同，汉字编码分为外码、交换码、机内码和字形码。图 2-8 是汉字信息处理的完整工作过程。

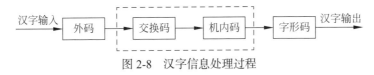

图 2-8　汉字信息处理过程

外码：又称为输入码，是用来将汉字输入到计算机中的一组键盘符号。英文字母只有 26 个，可以把所有的字符都放到键盘上，但是，不可能把所有的汉字都放到键盘上。所以汉字系统需要有自己的输入码体系，使汉字与键盘能建立对应关系。目前常用的输入码有拼音码、五笔字型码、自然码、表形码、认知码、区位码和电报码等，一般采用两个字节来编码，每个字节使用低 7 位，最高位为 0。

交换码：计算机内部处理的信息，都是用二进制代码表示的，汉字也不例外。而二进制代码使用起来并不方便，于是需要采用信息交换码。我国标准总局 1981 年制定了中华人民共和国国家标准 GB 2312—80《信息交换用汉字编码字符集——基本集》（又称汉字国标码）。汉字国标码字符集中收集了常用汉字和图形符号 7445 个，其中图形符号 682 个，汉字 6763 个，按照汉字的使用频度分为两级，第一级为常用汉字 3755 个，第二级为次常用汉字 3008 个。这种汉字标准交换码是计算机的内部码，可以为各种输入输出设备的设计提供统一的标准，使各种系统之间的信息交换有共同一致性，从而使信息资源的共享得以保证。

机内码：计算机系统内部为存储、处理和传输汉字而使用的代码。汉字机内码是在汉字国标码的基础上把每字节的最高位由 0 变 1，其他位不变。那么我们发现将汉字国标码用于计算机内部存储传输，则汉字国标码的每个字节和标准 ASCII 码就没法区别了。因此汉字在计算机内部存储传输则采用一种被称为汉字机内码的编码来表示。其转化过程如图 2-9 所示。

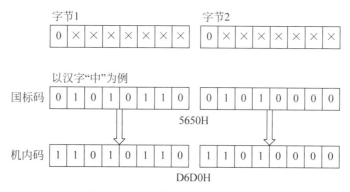

图 2-9　汉字编码转换过程示意图

字形码是汉字的输出码，输出汉字时都采用图形方式，无论汉字的笔画多少，每个汉字都可以写在同样大小的方块中。字形码有两种形式：一种是点阵字形（1 表示对应位置是黑点，0 表示是空白）；另一种是轮廓字形（用曲线描述，精度高、字形可变，如 Windows 中的 TrueType）。点阵字形是汉字字形点阵的代码，它的特点是有 16×16、24×24、32×32、48×48 等几种尺寸的编码，存储方式简单、无须转换直接输出，但是放大后产生的效果差。轮廓字形存储的是描述汉字字形的轮廓特征，它的特点正好与点阵字形相反。

2.4　本章小结

本章在掌握计算思维过程的基础上，补充计算机相关基础知识，包括计算机的组成（硬件系统和软件系统），重点讲解计算机硬件组成与冯·诺依曼体系的结合，以及计算机系统中数据的存储方式，包括进制转换和转码等算法的描述，最后扩展描述一些其他非常用性编码。

关键点概括如下。

（1）计算机系统的组成：计算机系统是一个由硬件系统和软件系统构成的完整系统。

其中计算机硬件由五部分组成，分别是运算器、控制器、存储器、输入设备和输出设备。

（2）冯·诺依曼体系结构：根据冯·诺依曼体系结构构成的计算机，必须具有如下功能。

① 把需要的程序和数据输入计算机中。

② 必须具有长期记忆程序、数据、中间结果及最终运算结果的能力。

③ 具有能够完成各种算术、逻辑运算和数据传送等数据加工处理的能力。

④ 能够按照要求将处理结果输出给用户。

为了完成上述的功能，计算机必须具备五大基本组成部件，包括输入数据和程序的输入设备；记忆程序和数据的存储器；完成数据加工处理的运算器；控制程序执行的控制器；输出处理结果的输出设备。

（3）计算机基础知识：数制以及编码、进制间的转换、数据在计算机中的表示。

2.5　本章习题

1. 要求分别列出常见的 5 种输出设备和 5 种输入设备。

2. 结合冯·诺依曼结构体系，谈谈对计算机组成的认识。

3. 与二进制数 101.01011 等值的八进制数、十六进制数分别是多少？要求列出计算过程。

4. 与十进制数 55 等值的二进制数、八进制数分别是多少？要求列出计算过程。

5. 计算 $(217)_8 + (32)_{16}$ 的结果，要求按照十进制结果输出，并列出计算过程。

6. 分别计算出 7 和 –5 的原码、反码以及补码，要求列出计算过程。

7. 通过补码换算，证明 $(2)_{10} + (-9)_{10} = (-7)_{10}$ 这个等式成立。

第 3 章　程序设计语言

本章主要从程序的概念与表示和程序设计语言的发展介绍程序设计语言，并通过选择程序设计语言引入 C 语言，简述 C 语言的特点及 C 语言的编程规范。第一部分首先从解决生活中的程序入手讲解程序概念，用计算机中的程序解决实际问题，并通过绘制流程图明晰程序的执行步骤；第二部分简述了程序设计语言的发展历程，并将程序设计语言分类；第三部分主要讲解 C 语言的特点及编写 C 语言程序时需要注意的编程规范。

3.1　程序的概念与表示

程序在我们生活中的定义是办事情的章程，在计算机中的定义是执行某个任务所要经历的一系列操作，本节会从生活中的程序引入，让我们更好地理解计算机中程序的概念与表示。

3.1.1　生活中的程序

什么是程序呢？我们先来看看生活中的程序。

ATM 机还没有普及的时候，每个人都有拿着存折储蓄卡去银行取钱的经历。整个过程大致可以分为如图 3-1 所示的 6 个环节。

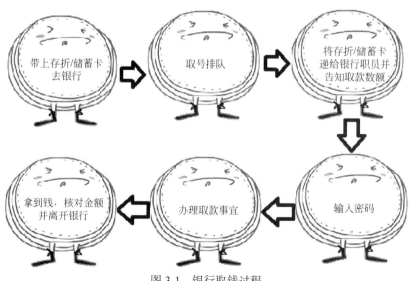

图 3-1　银行取钱过程

这是一个生活中很常见的办理事宜的程序，那如何把日常生活中取钱的例子通过计算机表示出来呢？什么是计算机的程序？如何编写计算机程序？这些，都将在这一章中进行讲解。

我们来看一个问题：如何将东西装进冰箱？

完成这件事需要三步，分别是打开冰箱→将东西放进冰箱→关上冰箱。这就是最简单的顺序执行的程序。

程序是什么？通俗地说，程序可以指连贯的活动、作业、步骤、决断、计算和工序，当它们依照严格规定的顺序发生时即可实现特定目标或解决特定问题。

C 语言程序是一种结构化的程序，那么什么是结构化的程序呢？结构化程序就是首先将一个复杂的问题分解成互相独立的几个部分（合理抽象），然后每个独立部分可以通过简单的语句或结构来实现，这种分解问题的过程就是算法设计的过程（高效计算）。

3.1.2　计算机中的程序

计算机的产生解决了很多实际问题，而这些问题的解决离不开计算机中的程序，用计算机解决问题之前，首先要把解决步骤描述出来。

来看下面的例子。

假如要求从键盘输入 3 个数，找出其中最小的那个数，将其输出在屏幕上，请给出解决这个问题的算法。

分析：程序对于从键盘输入的 3 个数必须用 3 个变量（暂时可理解为一个空盒子，用于存放数据）来保存，a，b，c 代表输入的 3 个数，另外，还需要一个变量 min 来保存最小的那个数。

（1）先比较 a 和 b 的值，把数值小的放入 min 中。

（2）再将 min 与 c 比较，再把数值小的放入 min 中。

（3）经过两次比较，min 中已存放的是 a，b，c 这 3 个数中最小的数，把 min 的值输出就是所需结果。

上面的思考过程很重要，图 3-2 是上题内容形象化的展示。

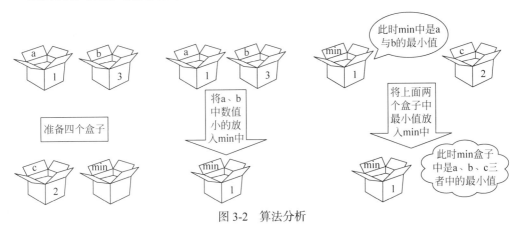

图 3-2　算法分析

根据图 3-2 的算法分析，我们可以将比较三个数中最小值的程序，从自然语言转化为以下的算法步骤并加以改进。

算法步骤：

(1) 输入 3 个数，其值分别赋给 3 个变量 a，b，c；

(2) 把 a 与 b 中较小的那个数放入变量 min 中；

(3) 把 c 与 min 中较小的那个数放入变量 min 中；

(4) 输出最后结果 min 的值。

改进版：

(1) 输入 3 个数，其值分别赋给 3 个变量 a，b，c；

(2) 比较 a 与 b 的值，如果 a<b，则 min=a，否则 min=b；

(3) 比较 c 与 min 的值，如果 c<min，则 min=c；

(4) 输出最后结果 min 的值。

注意： 上述中 min = a，是将 a 中的数放入 min 中。

通过算法描述的步骤，可以很方便地用程序语言来实现。

正如前一个案例分析的一样，不是所有的程序或者流程都是顺序执行的，很多时候需要根据情况复杂度来判断，做出选择并处理。

ATM 取款机的工作流程为：用户插入银行卡→输入密码→判断密码是否正确→控制密码输入次数→取款等业务→退卡。

模拟 ATM 取款操作的过程如图 3-3 所示。

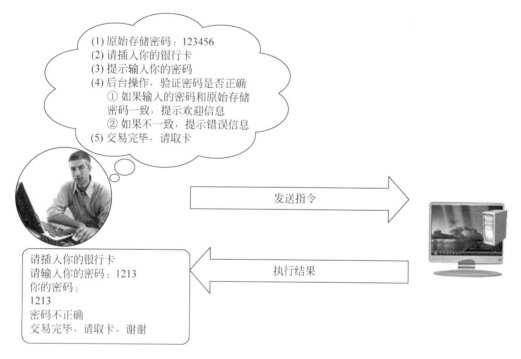

图 3-3　ATM 取款过程

通过上述一系列案例的描述，你是否对如何将日常生活中的程序映射到计算机程序有一定的了解了呢？

计算机程序是为实现特定目标或解决特定问题而用计算机语言编写的命令序列的集合，是告诉计算机应如何完成一个任务的。

程序由一系列指令组成，指令是指示计算机做某种运算的命令，通常包括以下几类。

（1）输入：从键盘、文件或者其他设备获取数据。

（2）输出：把数据显示到屏幕，或者存入一个文件，或者发送到其他设备。

（3）基本运算：执行最基本的数学运算和数据存取。

（4）测试和分支：测试某个条件，然后根据不同的测试结果执行不同的后续指令。

（5）循环：重复执行一系列操作。

通常在设计计算机程序之前，需要先理清程序的流程并达成共识，那么如何才能更好地理清程序的流程呢？

3.1.3　流程图

前面说程序是指连贯的活动、作业、步骤、决断、计算和工序，当它们依照严格规定的顺序发生时即可实现特定目标或解决特定问题，那如何直观地描述一个程序呢？

回到最开始讲的 ATM 取款机的工作流程，用户插入银行卡→输入密码→判断密码是否正确→控制密码输入次数→取款等业务→退卡，你能看出这里隐含了一个循环判断吗？就是当密码输入错误在限制的次数内可以再次输入密码，显然通过文字的描述不够直观，如图 3-4 所示，每一步都一目了然，这就是描述程序的工具——流程图。

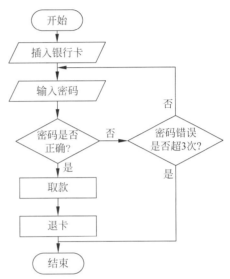

图 3-4　ATM 取款机工作流程

算法流程图的符号采用美国国家标准化协会（ANSI）规定的一些常用的流程符号，这些符号和它们所代表的功能含义如表 3-1 所示。

表 3-1　常用的算法流程图符号和功能含义

流程图符号	名　称	功　能　含　义
⬭	开始 / 结束框	代表算法的开始或结束。每个独立的算法只有一对开始 / 结束框
▱	数据框	代表算法中数据的输入或数据的输出
▭	处理框	代表算法中的指令或指令序列。通常为程序的表达式语句，对数据进行处理
◇	判断框	代表算法中的分支情况，判断条件只有满足和不满足两种情况
◯	连接符	当流程图在一个页面画不完的时候，用它来表示对应的连接处。用中间带数字的小圆圈表示，如①
→⌐	流程线	代表算法中处理流程的走向，连接上面各图形框，用实心箭头

一般而言，描述程序算法的流程图完全可以用表 3-1 中的 6 种流程图符号来表示，通过流程线将各框图连接起来，这些框图和流程线的有序组合就可以构成众多不同的算法描述。

对于结构化的程序，表3-1所示的6种符号组成的流程图值包含3种结构：顺序结构、分支结构和循环结构，一个完整的算法可以通过这3种基本结构的有机组合来表示。掌握了这3种基本结构的流程图的画法，就可以画出整个算法的流程图。

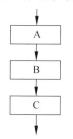

图3-5　顺序结构的流程

1．顺序结构

顺序结构是一种简单的线性结构，由处理框和箭头组成，根据流程线所示的方向，按顺序执行各矩形框的指令。流程图的基本结构如图3-5所示。

指令A、指令B、指令C可以是一条指令语句，也可以是多条指令，顺序结构从上到下依次执行A，B，C。

2．选择/分支结构

选择/分支结构由判断框、处理框和箭头组成，先要对给定的条件进行判断，看是否都满足给定的条件，根据条件结构的真假而分别执行不同的处理框，其流程图的基本形式有两种，如图3-6所示。

图3-6（a）所示情况的执行顺序为：先判断条件，当条件为真时，执行A，否则执行B。

图3-6（b）所示情况的执行顺序为：先判断条件，当条件为真时，执行A，否则什么也不执行。

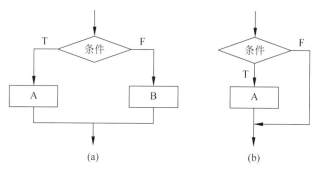

(a)　　　　　　　　　　　　　　　　(b)

图3-6　选择/分支结构的流程

3．循环结构

同选择/分支结构一样，循环结构也是由判断框、处理框和箭头组成的。但循环结构是在某个条件为真的情况下，重复执行某个框中的内容。图3-7为while循环的流程。

任何两个按顺序放置的处理框可以合并为一个处理框来表示（执行框如图3-6、图3-7表示的一个基本结构）。一个完整的结构化的流程图经过多次转化后，最终都是可以转化为如图3-8所示的最简形式。

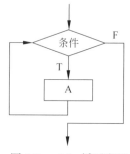

图3-7　while循环流程

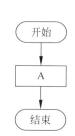

图3-8　结构化程序的最简形式

3.2　程序设计语言发展简述

对于计算机而言，要编写程序就必须使用计算机语言，计算机语言是指编写程序时，根据事先定义的规则而写出的预定语句的集合，计算机语言经过多年的发展已经从机器语言演化到高级语言。

3.2.1　软件的产生

通过前面的学习，我们知道计算机是由硬件系统和软件系统组成。其中软件是由程序设计语言实现的，例如 C、Java 等这些都是我们所熟知的程序设计语言。从层次关系的视角来看，通过底层的计算机硬件，搭建操作系统和编译程序，然后利用我们所学的程序设计语言进行编写、编译程序，最终得到我们所需要的应用程序，就是所谓的软件，例如我们用的 IE、QQ 等。

3.2.2　程序设计语言发展史

从发展历程来看，程序设计语言可以分为前计算机时代、机器语言时代、汇编语言时代和高级语言时代。

1. 前计算机时代

19 世纪的欧洲，数学在社会各个领域应用越来越广，处处都有数学方程式的计算。那个时候计算尺、简易计算器相继发明了，可是还是不能满足大多数计算的要求，因为它们只能做 1 次运算，要算 1 个方程组，应该是好几次运算的 1 个序列，那怎么办呢？究竟需要什么样的计算机器呢？这时差分机出现了，它是 1822 年，由 Babbage 在前人计算尺和计算器的基础上发明的，它能够按照设计者的意思，自动处理加减乘除、乘方、对数运算；Babbage 提出了控制中心和存储程序思想，并且程序可以通过选择进行跳转；设计语言类似于今天的汇编语言。但它也存在着缺点：速度太慢；功能集中于几类数学运算，不全面，不能算通用的计算机。

20 世纪 40 年代，第二次世界大战全面爆发，各个参战国对新武器的狂热度不断上升，于是，新一代的导弹技术成了需要迫切的热门技术，但是，想要制作更加精良的导弹，需要精确控制导弹的弹道，这时候，需要计算一大堆的微分方程组，怎样才能更好更快地计算这些方程组呢？这便迎来了机器语言时代。

2. 机器语言时代

为了解决战争对新武器的需要，1946 年，第一台通用计算机 ENIAC 问世。ENIAC 比当时已有的计算装置要快 1000 倍，而且还有按事先编好的程序自动执行所有计算的功能（算术运算、逻辑运算、循环处理和存储数据）。但是，ENIAC 在编制计算语言上并没有使用类似汇编的语言，而是使用了 01 串的机器语言。它的缺点是：程序员必须手动控制计算机，没有存储程序，完成一个运算过程需要搭建一次电子线路；ENIAC 采用十进制数据存储和表达方式，不利于计算机部件的生产；使用机器语言，非专业人员不能编写和阅读。同样出于战争对新武器的需要，1945 年，冯·诺依曼和他的研究小组在共同讨论的基础上，发表了一个全新的"存储程序通用电子计算机方案"——EDVAC。EDVAC 解决了 ENIAC 的第一个问题：程序不能存储问题。EDVAC 两大设计思想：二进制，大大有利于计算机部件的生产；EDVAC 方案明确奠定了新机器由五个部分组成，包括：运算器、逻辑控制装置、存储器、输入和输出设备（冯·诺依曼体系的提出），形成了至今为止一直使用的冯·诺依曼体系结构，并描述了这五部分的职能和相互关系，而且程序是存储在存储器中。但它也存在着缺点：仍然使用 01 串的机器语言，想要编制计算机程序需要有相当的专业水平。

讲了这么多，机器语言到底是如何编程呢？我们看下面的例子。

假设某型号计算机共有 16 个寄存器，用 4 位进行编号；共支持 256 个长度为 1B 的内存单元，用 8 位进行编号；每条指令占 2B，前 4 位是操作的编码，后 12 位是操作的参数。假设有如表 3-2 所示的几条指令：

表 3-2　操作码对应的操作数和描述

操 作 码	操 作 数	描　　　述
0000	XY	将数值 XY（8 位）放到编号 R（4 位）的寄存器中
0001	ST	将寄存器 R（4 位）和 S（4 位）的内容相加放到 T（4 位）中
0010	XY	将寄存器 R（4 位）的内容写到编号为 XY（8 位）的内存单元中

则求解 3+7 并把结果写在 4 号内存单元的机器语言程序如下：

0000 0000 0000 0011　0 号寄存器的值置为 3；

0000 0001 0000 0111　1 号寄存器的值置为 7；

0001 0000 0001 0010　0 号和 1 号寄存器的值相加，结果放在 2 号寄存器中；

0010 0010 0000 0100　2 号寄存器的值写到内存 4 号单元中。

3. 汇编语言时代

机器语言由 01 串的数字组成，程序极其难懂，非专业人员不能编写，而且极易出错。汇编语言（assembly language）是面向机器的程序设计语言。在汇编语言中，用助记符（mnemonic）代替操作码，用地址符号（symbol）或标号（label）代替地址码。这样用符号代替机器语言的二进制码，就把机器语言变成了汇编语言。所以汇编语言亦称为符号语言。使用汇编语言编写的程序，机器不能直接识别，要由一种程序将汇编语言翻译成机器语言，这种起翻译作用的程序叫汇编程序，汇编程序是系统软件中语言处理的系统软件。汇编程序把汇编语言翻译成机器语言的过程称为汇编。说简单点，就是程序员编写汇编指令通过编译器编译成计算机能懂的机器码。1949 年，从美国回到剑桥大学的威尔克斯在仔细研究了 EDVAC 之后，在 EDVAC 为蓝本的基础上，研制了 EDSAC，在 EDSAC 中，汇编语言的雏形开始出现。汇编语言的本质：用助记符代替机器指令的操作码，用地址符号或标号代替指令或操作数的地址。

接下来我们看一个汇编语言编程的例子，用计算机设计汇编语言。假设用 mov（move，移动）表示 0000 指令，用 add（相加）表示 0001 指令，用 str（store，存储）表示 0010 指令，则求解 3+7 并把结果写入 4 号内存单元中。相应的汇编语言程序如下：

```
mov 0,3
mov 1,7
add 0 1,2
str 2,4
```

计算机设计汇编语言的优点：相比机器语言，程序变得容易理解，容易编写；缺点：不同芯片的汇编语言不同，因此程序不能通用。

4. 高级语言时代

高级语言时代又分为三个时代：前结构化程序设计语言时代、结构化程序设计语言时代和面向对象程序设计时代。

1）前结构化程序设计语言时代

为了解决汇编语言不能各个平台通用的缺点，1951 年，美国 IBM 公司约翰·贝克斯（John Backus）着手研究开发 FORTRAN 语言，这也是世界上第一种高级语言。FORTRAN，是由 FORmula TRANslator 两个单词前几个字母拼成的，意思是公式翻译语言。它有以下两个优点。

（1）平台无关性，比较适合科学计算领域。

（2）积累了很多程序，有丰富的程序库。

FORTRAN 语言出现之后，程序的编写迅速推广到各个需要数学计算的领域，于是出现越来越多的新算法，从而推动了算法领域的研究。随着对算法研究的越来越深入，一门纯面向算法的语言呼之欲出，1958 年，由 Edsger Wybe Dijkstra 设计的 ALGOL 语言产生了。ALGOL 语言的优点如下。

（1）引进局部性概念、动态、递归、巴克斯瑙尔范式 BNF（Backus-Naur Form），大大增加了编程的灵活性。

（2）为软件自动化及软件可靠性的发展奠定了基础。

各种语言相继出现，计算机程序的使用范围也越来越广，但是缺乏一门便于初学者学习的语言。1964 年，美国达特茅斯学院的两个教员约翰·基米尼（J. Kemeny）和托马斯·卡茨（T.Kurtz）开发了 BASIC 语言。BASIC 语言的优点如下。

（1）简单易学。

（2)这种语言只有 26 个变量名，17 条语句，12 个函数和 3 个命令，这门语言叫作"初学者通用符号指令代码"——Beginners，All-purpose Symbolic Instruction Code。

2）结构化程序设计语言时代

20 世纪 60 年代，随着任务的逐渐复杂，早期的命令式程序设计语言变得越来越庞大，程序变得杂乱无章，难以阅读和维护，质量严重下降，编程代价巨大。为了解决这个问题，计算机科学家们提出了结构化程序设计的概念。

结构化程序设计（structured programming）是进行以模块功能和处理过程设计为主的详细设计的基本原则。其概念最早由 E.W.Dijkstra 于 1965 年提出，是软件发展的一个重要的里程碑。他的主要观点是采用自顶向下、逐步求精及模块化的程序设计方法；使用三种基本控制结构构造程序，任何程序都可由顺序、选择、循环三种基本控制结构构造。结构化程序设计主要强调的是程序的易读性。

结构化程序设计的要点如下。

（1）主张使用顺序、选择、循环三种基本结构来嵌套联结成具有复杂层次的结构化程序，严格控制 GOTO 语句的使用。

（2）"自顶而下，逐步求精"的设计思想，其出发点是从问题的总体目标开始，抽象低层的细节，先专心构造高层的结构，然后再一层一层地分解和细化。

（3）"独立功能，单出、入口"的模块结构，减少模块的相互联系，使模块可作为插件或积木使用，降低程序的复杂性，提高可靠性。

接下来来了解有哪些结构化语言。为了实现一个良好的结构化程序设计语言，并用于教学中，瑞士苏黎世联邦工业大学的 Niklaus Wirth 教授于 20 世纪 60 年代末设计并创编了 Pascal 语言。IOI（国际奥林匹克信息学竞赛）把 Pascal 语言作为三种程序设计语言之一。Pascal 语言的优点如下。

（1）严格的结构化形式。

（2）丰富完备的数据类型。

（3）运行效率高。

（4）查错能力强，可以被方便地用于描述各种算法与数据结构，有益于培养良好的程序设计风格和习惯。

1965 年时，贝尔实验室加入一项由通用电气和麻省理工学院（MIT）合作的计划；该计划要建立一套多使用者、多任务、多层次操作系统。为了完成满足这个要求的 UNIX 操作系统，1972 年，美国贝尔研究所的 D.M.Ritchie 推出 C 语言。这就是我们所熟知的 C 语言了，它有以下特点。

（1）既具有高级语言的特点，又具有汇编语言的特点。

（2）它可以作为工作系统设计语言，编写系统应用程序，也可以作为应用程序设计语言，编写不依赖计算机硬件的应用程序。

（3）它的应用范围广泛，具备很强的数据处理能力，不仅用于软件开发，而是各类科研都能用 C 语言。

3）面向对象程序设计时代

各种优秀的结构化程序设计语言相继出现，然而，随着软硬件环境逐渐复杂，20 世纪 60 年代爆发众所周知的软件危机，如何更好地提高软件开发效率并进行良好的维护渐渐成为当时程序设计领域面临的一个巨大挑战。面向对象程序设计就是在这样的背景下逐渐产生的。

面向对象程序设计的主要思想是将现实世界的物抽象成对象，现实世界中的关系抽象成类、继承，帮助人们实现对现实世界的抽象与数字建模。通过面向对象的方法，更利于用人能够理解的方式对复杂系统进行分析、设计与编程。

了解一下有哪些面向对象的语言。随着 C 语言的广泛普及和面向对象概念的出现，人们迫切希望在 C 语言中出现面向对象元素。1983 年，贝尔实验室的 Bjarne Stroustrup 推出了 C++。C++ 保留了 C 语言原有的所有优点，增加了面向对象的机制。因为 C++ 是由 C 语言发展而来的，所以 C++ 与 C 语言兼容，所以 C++ 既可用于面向过程的结构化程序设计，又可用于面向对象的程序设计。

C++ 的优点和缺点几乎是各占一半，如表 3-3 所示。

表 3-3　C++ 语言的优点与缺点对比

优　　点	缺　　点
高效，可移植	语义难以理解
给程序员更多的编程风格选择	正确性难以保证
开发成本优势明显	语言过于复杂
不会带来额外开销	

　　20 世纪 90 年代，SUN 公司预料未来科技将在家用电器领域大显身手，原本准备使用 C 语言，但 C 语言缺少垃圾回收系统，不具备可移植的安全性，没有分布程序设计和多线程功能。1995 年，SUN 推出了 Java 程序设计语言和 Java 平台（即 JavaSE、JavaEE、JavaME），获得了很大的成功。

　　我们了解 Java 语言的优缺点，如表 3-4 所示。

表 3-4　Java 语言优点与缺点对比

优　　点	缺　　点
纯面向对象	持续修改导致架构破坏
与平台无关	不能和操作系统底层打交道
解释性	代码相对冗长
多线程	
安全	
动态	
垃圾回收机制	

　　Java 编程语言的风格十分接近 C 语言和 C++ 语言，是一个纯粹的面向对象的程序设计语言，它继承了 C++ 语言面向对象技术的核心，舍弃了 C 语言中容易引起错误的指针（以引用取代）、运算符重载（operator overloading）、多重继承（以接口取代）等特性，增加了垃圾回收器功能用于回收不再被引用的对象所占据的内存空间，使得程序员不用再为内存管理而担忧。Java 通常被用在网络环境中，为此，Java 提供了一个安全机制以防恶意代码的攻击；Java 语言的设计目标之一是适应动态变化的环境，Java 程序需要的类能够动态地被载入到运行环境，也可以通过网络载入所需要的类；Java 不同于一般的编译执行计算机语言和解释执行计算机语言，它首先将源代码编译成二进制字节码（bytecode），然后依赖各种不同平台上的虚拟机来解释执行字节码；在 Java 语言中，线程是一种特殊的对象，它必须由 Thread 类或其子（孙）类来创建。通常有两种方法来创建线程：其一，使用型构为 Thread（Runnable）的构造子将一个实现了 Runnable 接口的对象包装成一个线程；其二，从 Thread 类派生出子类并重写 run 方法，使用该子类创建的对象即为线程。值得注意的是 Thread 类已经实现了 Runnable 接口，因此，任何一个线程均有它的 run 方法，而 run 方法中包含了线程所要运行的代码。线程的活动由一组方法来控制。Java 语言支持多个线程的同时执行，并提供多线程之间的同步机制。

1989 年圣诞节期间，在阿姆斯特丹，Guido 为了打发圣诞节的无趣，决心开发一个新的脚本解释程序。Python 语言就这样诞生了，Python 在设计上坚持了清晰划一的风格，这使得 Python 成为一门易读、易维护，并且被大量用户所欢迎的、用途广泛的语言。设计者开发时总的指导思想是，对于一个特定的问题，只要有一种最好的方法来解决就好了。Python 语言常被昵称为胶水语言，它能够很轻松地把用其他语言制作的各种模块（尤其是 C/C++）轻松地联结在一起。Python 语言的这些指导思想同样是它的特点。它是完全面向对象的，而且可扩充，常见的一种应用情形是，使用 Python 快速生成程序的原型（有时甚至是程序的最终界面），然后对其中有特别要求的部分，用更合适的语言改写，例如，3D 游戏中的图形渲染模块，速度要求非常高，就可以用 C++ 重写。

Python 语言的优点有很多，它简单易学、速度快，是一个免费开源的面向对象的高层语言，具有可移植性、解释性、可扩展性、可嵌入性、丰富的库，而且代码很规范。

3.2.3　类型语言

高级语言又可按照语言类型的强弱分为强类型语言和弱类型语言。

1. 强类型语言

强类型语言是一种总是强制类型定义的语言，要求变量的使用要严格符合定义，所有变量都必须先定义后使用。FORTRAN、Pascal、C、C++、Java、Python 为强类型语言。来看一个例子。

假如有一个整数，如果不显式地进行转换，你不能将其视为一个字符串。

```
int a=10;
string b=a+"abc";// 错，需要强制转换
```

2. 弱类型语言

弱类型语言是不总是要求变量强制类型定义的语言，BASIC、PHP 为弱类型语言。

强弱类型语言优缺点比较：强类型语言写法相当麻烦，但因为有严格定义，所以不容易出错；弱类型语言代码简单，但因为变量没有确定的类型，所以容易出错。

3.2.4　程序设计语言的选择

说了很多种语言，到底什么时候用什么语言呢？该如何选择目前市面上常用的程序设计语言呢？在科学计算领域，现有程序用得较多的是 FORTRAN 语言，也有较少一部分用 ALGOL 语言；在企业级开发中，Windows 平台上运用得最多的是 .NET，跨平台用的是 Java；在网站开发中 PHP、Ruby 多运用于后台的开发，JavaScript、FLEX、HTML5 多运用于前台的开发；Python、Ruby、Lua 多运用于嵌入式中；需要较高性能要求时，多运用 C 和 C++ 语言；在移动平台开发上，Java 运用在 Android 平台上，Objective C 运用在 iOS 平台上。

3.3　C 程序设计语言

C 语言自诞生以来就一直引人关注，并很快形成全面、系统的标准。各个 C 语言编译器都遵循相同的标准，因此程序员可以在不同的编译器、不同操作系统中完成 C 语言

程序的开发。

　　C 语言是一种结构化的程序设计语言，它简明易懂，功能强大，适合于各种硬件平台，与常见的高级语言不一样的是，C 语言兼有高级语言和低级语言的功能。既可用于系统软件的开发，也适合于应用软件的开发。

3.3.1　C 语言特点

　　C 语言的特点表现在以下几个方面。

1. 程序设计结构化

　　结构化就是将程序的功能进行模块化，每一个模块具有不同的功能，程序将一些不同功能的模块有机地组合在一起，通过模块之间的相互协同工作，共同完成程序所要完成的任务。这种模块化的程序设计方式使得 C 语言程序易于调试和维护。

2. 运算符丰富

　　C 语言共有 34 种运算符。它把括号、赋值、逗号等都作为运算符处理，从而使 C 语言的运算类型极为丰富，可以实现其他高级语言难以实现的一些运算。

3. 数据类型全面

　　C 语言除了具有系统本身规定的一些数据类型外，还允许用户自定义数据类型，以满足程序设计的需要。

4. 书写灵活

　　只要符合 C 语言的语法规则，程序书写的格式并不受严格的限制。

　　注意：实际编写程序时并不提倡这样做，而是要求根据语法规则按缩进格式书写程序。

5. 适应性广

　　C 语言程序生成的目标代码质量高，程序执行效率高，与汇编语言相比，用 C 语言编写的程序可移植性好。

6. 关键字简洁

　　在 C 语言中，关键字有其特殊的意义和作用，不允许用户将其用作其他用途，所有关键字都必须是小写英文字母。

　　ANSIC 规定 C 语言共有 32 个关键字，如表 3-5 所示，其中：

　　（1）数据类型关键字 12 个。

　　（2）控制语句关键字 12 个。

　　（3）存储类型关键字 4 个。

　　（4）其他关键字 4 个。

表 3-5　32 个关键字

auto	break	case	char	const	continue	default	do
double	else	enum	extern	float	for	goto	if
int	long	register	return	short	signed	sizeof	static
struct	switch	typedef	union	unsigned	void	volatile	while

1999 年 12 月 16 日，ISO 推出了 C99 标准，该标准新增了 5 个 C 语言关键字，如表 3-6 所示。

表 3-6　C99 新增的关键字

inline	restrict	_Bool	_Complex	_Imaginary

2011 年 12 月 8 日，ISO 发布 C 语言的新标准 C11，该标准新增了 7 个 C 语言关键字，如表 3-7 所示。

表 3-7　C11 新增关键字

_Alignas	_Alignof	_Atomic	_Static_assert	_Noreturn	_Thread_local	_Generic

C11 标准中：

数据类型 9 个，其中 char、int、float、double、void 用于声明数据类型；short、long 用于声明整型数据的大小；signed、unsigned 用于声明整型数据在正负坐标上的区间。

自定义的数据类型 3 个，其中 struct 用于声明结构数据类型；union 用于声明联合数据类型；enum 用于声明枚举数据类型。

if、else、switch、case、default 用于分支结构；for、while、do-while 用于循环结构；continue 用于结束本次循环，进入下一轮循环；break 用于直接跳出循环结构或者分支结构；goto 用于直接转移到指定的语句处；return 用于返回到函数调用处。

auto 用于声明自动变量；extern 用于声明外部变量；register 用于声明寄存器变量；static 用于声明静态变量。

const 用于声明只读变量；sizeof 用于计算数据类型长度；typeof 用于给自定义数据类型取别名等；volatile 变量用于在程序执行中可被隐含地改变。

需要说明的是，除了上述的关键字以外，不同的实现环境对 C 语言的关键字有所扩充，并且扩充的关键字会因实现环境的不同而不同，读者只需要从使用的实现环境中去了解即可，在此不多加叙述，扩充的关键字只适合于特定的实现环境。

7．控制结构灵活

C 语言的程序结构简洁高效，使用方便、灵活，程序书写自由。C 语言一共有 9 种控制结构，可以完成复杂的计算，9 种控制结构及作用如表 3-8 所示。

表 3-8　9 种控制结构及作用

关键字	作　　用	关键字	作　　用	关键字	作　　用
goto	直接转移	for	循环语句	break	直接跳出循环结构或分支结构
if	条件分支	do-while	循环语句	continue	结束本次循环，开始下一轮循环
switch	多路分支	while	循环语句	return	返回到函数调用处

了解 C 语言上述的特点，对学习和掌握好 C 语言程序设计很有帮助。虽然 C 语言程序对书写的要求没有太多的限制，只要符合语法规则就行，但在这里我们强调程序书写必

须规范，特别是初学者，这一点很重要。一个书写规范、整齐的 C 语言程序能够帮助程序员快速读懂程序所表达的思想，同时也能更清晰地将程序设计的意图正确地表达出来。

3.3.2　C 语言编程规范

在学习任何一种编程语言的时候，按照一定的规范培养良好的编程习惯很重要。良好的编程规范可以帮助开发人员理清思路、整理代码，同时也便于他人阅读理解代码从而促进交流。在进行 C 语言程序设计时，应该注意以下几方面的编程规范。

1. 空行

（1）在每个函数、结构体、枚举定义结束后应该加空行。

（2）在一个函数体内，逻辑密切相关的语句之间不加空行，其他地方应加空行分隔。

（3）相对独立的程序块之间、变量说明之后必须加空行。

2. 代码行

（1）一行代码只做一件事，如只定义一个变量，或只写一条语句，这样代码易于阅读及注释。

（2）if、for、while、do 等语句自占一行，执行语句不得紧跟其后。无论执行语句有多少都要加"{}"，这样可以防止书写错误。

3. 代码行内的空格

（1）关键字之后要留空格。

（2）函数名之后不要留空格，紧跟左括号"("，以与关键字区别。

（3）"("向后紧跟，")"","";"向前紧跟，紧跟处不留空格。

（4）","之后要留空格，如 Function(x,y,z)。如果";"不是一行的结束符号，其后要留空格，如 for(i=0；i<10；i++)。

（5）赋值操作符、比较操作符、算术操作符、逻辑操作符的前后应当加一个空格。

（6）一元操作符，如"!""~""++""--""&"（地址运算符）等前后不加空格。

（7）像"[]""."""->"这类操作符，前后不加空格。

4. 对齐缩进

（1）程序块要采用缩进风格编写。

（2）对齐使用 Tab 键，Tab 键设置不同造成排版不同，应注意某些编辑器在识别、显示 Tab 键上存在问题；最终排版应以在项目的主代码编辑器中显示一致、整洁、清晰为准。

（3）函数或过程的开始，结构的定义及循环、判断等语句中的代码都要采用缩进风格，case 语句下的情况处理语句也要遵从语句缩进要求。

5. 标识符命名要求

（1）命名只能包含数字、字母、下画线。

（2）不能以数字开头。

（3）不能使用关键字作为名称。

（4）标识符的命名要清晰明了，有具体的含义，例如：使用完整的单词或单词缩写。

（5）函数命名，函数名中每个单词首字母大写；为避免由于函数名过长造成难以理解，可以在适当的位置使用下画线进行分割；命名中的前缀、关键缩写词等可以适当地采取全部大写。

（6）常量名全部大写。

（7）局部变量、全局变量、参数变量、成员变量，变量名一律小写，单词间使用下画线相连。

（8）静态全局变量使用 s_ 前缀，普通全局变量使用 g_ 前缀。

（9）宏命名全部大写，单词间使用下画线相连。

遵循 C 语言编程规范，可以养成良好的编码习惯，摒弃那些可能存在风险的编程行为，编写出安全健壮的代码，进而保证产品的可靠性、稳定性、安全性，增加软件的可读性，便于维护。遵循良好的编程规范，也是项目开发中相互协作的技术基础。

3.4　本章小结

本章主要讲解了程序的概念、流程图的绘制、程序设计语言的发展历程和 C 语言的主要编程规范。掌握流程图后，可以用流程图直观地展示程序的执行过程。了解程序设计语言的发展过程是了解编程语言的基础，掌握 C 语言编程规范可以让编程更加条理清晰、结构完整。

关键点概括如下。

（1）程序的概念。程序可以指一连贯的活动、作业、步骤、决断、计算和工序，当它们依照严格规定的顺序发生时即可实现特定目标或解决特定问题。

（2）用流程图来表示程序。用流程图来表示程序需要掌握流程图的符号及含义，将流程图的符号按顺序连接成表示程序的流程图。

（3）程序设计语言的发展阶段分为前计算机时代、机器语言时代、汇编语言时代以及高级语言时代。

（4）类型语言分类：强类型语言和弱类型语言。

（5）C 语言是结构化语言，功能齐全，适用范围广泛，可以对硬件进行操作，文件操作能力强。C 语言强大的功能和友好的编程风格使它成为最流行的编程方式，并且经久不衰。

（6）C 语言是一种结构化的程序设计语言，在书写代码的时候应该遵循编程规范。这样有助于查看程序的条理，帮助设计者厘清思路，也便于他人阅读。

3.5　本章习题

1. 简单描述"大一新生报名时办理入学手续"的流程，并绘制出对应流程图。

2. 场景描述：张伯伯计划本周末带自己的宠物猫去宠物医院洗澡，但是宠物医院每天只接受 30 只宠物洗澡预约。张伯伯首先通过手机预约周六宠物洗澡服务，但由于预约已满，张伯伯不得不选择预约周日，还好周日没有排满，张伯伯最终顺利预约到第 18 名。要求按照上述场景描述梳理出整个流程，并绘制出对应流程图。

3．现有 8 个固定纸盒，每个纸盒中放入任意一个正整数，不允许挪动已有纸盒位置（纸盒中的数字可以任意拿放，但一个纸盒最多只能放一个数字），可以增加新的纸盒，要求将这 8 个正整数从小到大依次排序，请给出解决这个问题的算法。

4．任意输入一个数 n（正整数），用 sum 表示 1 到 n 的累加和，并输出 sum，请给出解决这个问题的算法并绘制出相应流程图。

5．简述程序设计语言的发展过程和主要阶段。

6．简述对 C 程序设计语言的认识。

第4章 程序设计语言入门——你好C语言

古人云："工欲善其事，必先利其器。"所以要想学好 C 语言，选择一个方便 C 语言开发的环境是很有必要的，而且是首要任务。Visual Studio 作为 Windows 操作系统下最流行的 C 语言开发工具，我们必须学好它，才能利用它来更好地学习 C 语言。

4.1　VS 2015 工具介绍

Visual Studio 是微软公司推出的开发环境，是目前最流行的 Windows 平台应用程序开发环境。Visual Studio 全称为 Microsoft Visual Studio，意思是"微软可视化工作室"，简称 VS。它包含 VB、VC、VF、Delphi、控件、数据库 ODBC 等开发工具，其中 VC 就是用来进行 C 语言和 C++ 语言开发的。

VS 在进行 C 语言开发过程中，可以快速导航、编写并修复代码，使程序员能够准确、高效地编写代码，并且不会丢失当前的文件上下文。程序员调试程序时，可以利用探查器工具查找并诊断性能问题，且无须离开调试程序工作流，大幅度提高代码编写效率。

图 4-1　VS 2015 图标

VS 被使用的版本主要有 VC 6.0、VS 2003、VS 2005、VS 2010、VS 2015，对于众多版本的 VS，可以任选一个进行安装使用，它们之间的差别不大。不过，建议选择较新的版本，因为较新的版本对于标准的支持往往比较好，而且功能会更强大，本门课程使用 VS 2015 版本进行开发，VS 2015 图标如图 4-1 所示。

4.2　最简单的 C 语言程序

在本节中，主要教大家使用 VS 2015 编写一个简单的 C 语言程序。

1．新建项目

（1）打开 VS 2015，选择"文件"→"新建"→"项目"命令，如图 4-2 所示。

（2）选择工程类型为"Win32 控制台应用程序"，填写工程名称，选择工程存放位置（目录）后单击"确定"按钮，如图 4-3 所示。

（3）单击"下一步"按钮，如图 4-4 所示。

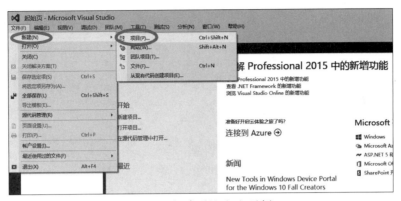

图 4-2　新建项目（1）示例

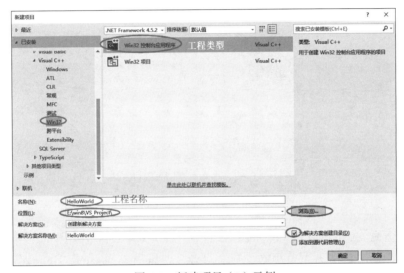

图 4-3　新建项目（2）示例

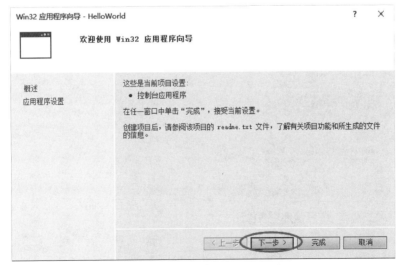

图 4-4　新建项目（3）示例

（4）在附加选项中勾选"空项目"复选框，单击"完成"按钮完成创建工程，如图 4-5 所示。

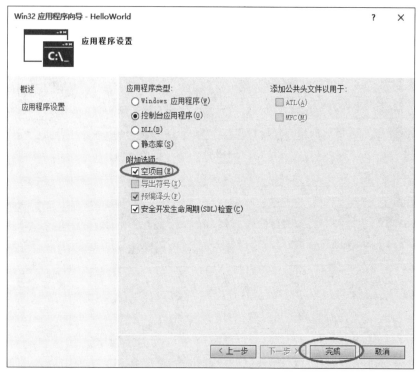

图 4-5　新建项目（4）示例

项目创建完成后，可以在 VS 的侧边栏看到"解决方案资源管理器"（没有可以在"视图"菜单中单击"解决方案资源管理器"打开），解决方案下的"HelloWorld"即为刚创建的工程项目，如图 4-6 所示。

图 4-6　项目创建完成示例

2. 新建源文件，编写程序并执行

（1）向工程中添加源文件 Helloworld.c，一般 cpp 文件我们都建立在"源文件"中，右击"源文件"，单击"添加"选项，单击"新建项"选项，如图 4-7 所示。

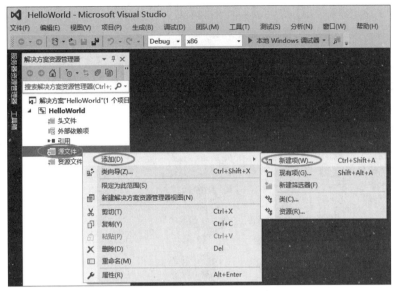

图 4-7　新建源文件（1）示例

（2）选择文件类型为"C++ 文件"，输入文件名"Helloworld.c"后，单击"添加"按钮创建源文件，如图 4-8 所示。

图 4-8　新建源文件（2）示例

（3）完成工程和源文件的创建，开始输入代码，代码内容如图 4-9 所示。

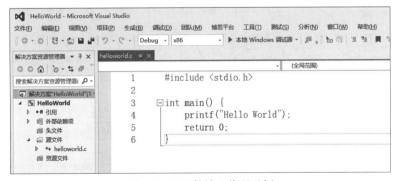

图 4-9　源文件输入代码示例

（4）输入完代码，使用快捷键 Ctrl+F5 或者单击菜单栏中的"调试"按钮，选择"开始执行（不调试）"运行程序，如图 4-10 所示。

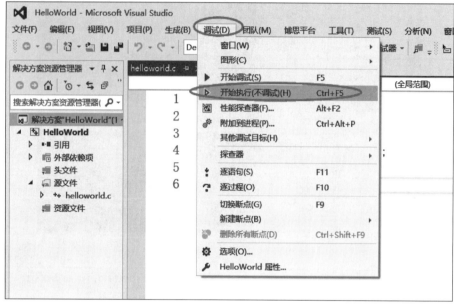

图 4-10　运行程序步骤示例

（5）显示运行结果，如图 4-11 所示，控制台黑框展示输出结果"HelloWorld"，下方输出窗口显示程序执行过程，输出窗口或错误列表可查看错误信息。

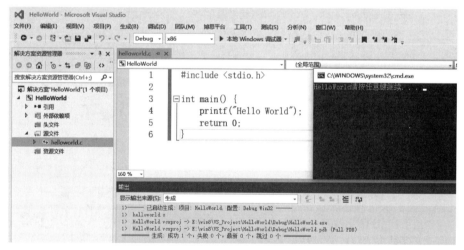

图 4-11　运行成功示例

4.3　Hello World 程序解析

刚刚在 C 文件中输入了一段代码，并且运行出了"Hello World"这段话。那么，这段代码的含义到底是什么？下面请先阅读该段代码。

```
/*
下面开始写代码啦!
这是我的第一个 C 语言程序!
*/
#include<stdio.h>              // 语句 1
int main(){                    // 语句 2
  printf("Hello World");       // 语句 3
  return 0;
}
```

1. 语句 1 包含两部分知识 #include 与 stdio.h

（1）在使用 C 语言库函数时，要用预编译命令"#include"将有关的"头文件"包括到用户源文件中。以 stdio.h 头文件为例，该文件主要包含了一些标准输入输出库函数，例如 printf 函数、scanf 函数，当程序中需要使用这些函数时，需要通过 #include 命令将函数所在的头文件引入进来。由于 #include 都是放在程序的开头，因此这类文件被称为"头文件"。<> 则表示该头文件是 C 语言标准库中的文件。

（2）stdio. h 是 standard input & output 的缩写，文件扩展名 h 是 head 的缩写，全称为标准化输入输出头文件。它包含了与标准 I/O 库有关的变量定义和宏定义，考虑到 printf 和 scanf 函数使用频繁，系统允许在使用这两个函数时可不加 #include 命令。

2. 语句 2 包含两部分知识 int 与 main 函数

（1）int 表示函数返回类型为整型，与程序中的 return 0 对应，表示函数返回整数 0，那么这个 0 返回到哪里呢？返回操作系统，表示程序正常退出。因为 return 语句通常写在程序的最后，不管返回什么值，只要到达这一步，说明程序已经运行完毕。而 return 的作用不仅在于返回一个值，还在于结束函数。由于该部分涉及函数的返回类型知识，将会在第 7 章和第 8 章做详细解释。

（2）C 语言的设计原则是把函数作为程序的构成模块。其中 main 函数被称为主函数，又称入口函数。由于 C 程序必须有一个且仅有一个函数 main 作为程序的入口，无论 main 函数在程序中的什么位置，程序都将从 main 函数里的代码开始运行，main 函数里面的代码执行完毕，则整个程序就执行完毕，在这里我们定义该函数，并把希望程序运行的语句放在函数内的一对大括号" {"和" }"之间。

3. 语句 3 是这个小程序的核心功能语句

printf 是标准化格式输出函数，它的作用可通俗地理解为是向系统隐含的输出设备（假设为显示器）输出若干个数据。在该代码中，表示通过控制台输出一句话，输出的内容是"Hello World"。

此外，从上述代码可知，每编写完一条独立且完整的语句后，都要以分号结尾。并且为了方便程序阅读，作为一种编程规范，建议每一条语句占一行。

4. 注释语句

在程序中可看到两种不同的标注符号，一种是"//"，另外一种是"/*…*/"。被这两种标注符号标注的语句称为注释语句，其中"//"表示单行注释，"/*…*/"表示多行注释。

计算机会忽略所有注释，因为注释是为了方便人阅读的。一般来说，注释默认写在被注释的语句或语段上面。

（1）注释则是有助于对程序的阅读理解，一般情况，需要保证程序有一定的注释。注释语言必须准确、易懂。必须保证关键的函数、流程、类型定义、变量等有相应注释说明。

（2）边写代码边注释，修改代码同时修改相应的注释，以保证注释与代码的一致性。不再有用的注释要及时删除。注释与所描述内容进行相同的缩排，可使程序排版整齐，并方便注释的阅读与理解。

（3）注释应与其描述的代码相邻。对语句块的注释必须放在语句块上方；对单条语句、变量定义的注释可以放在上方或右方；注释不可放在下方。

（4）如果注释在上方，则将注释与其上面的代码用空行隔开。避免在一行代码或表达式的中间插入注释。

（5）源文件头部应进行注释，列出版权说明、文件名、文件目的功能、作者、创建日期等；如果源文件引入了新的缩写，则必须在文件头部注释说明。

4.4　C语言程序的执行

一个程序从编写到最后得到运行结果要经历以下几个步骤。

1. 用 C 语言编写程序

用高级语言编写的程序称为"源程序"，在 VS 2015 编程工具中，C 的源程序是以".c"作为文件的扩展名。

2. 对源程序进行编译

为了使计算机能执行高级语言源程序，必须先用一种称为"编译器（compiler）"的软件把源程序翻译成二进制形式的"目标程序"。

编译是以源程序文件为单位分别编译的。目标程序一般以 .obj 或者 .o 作为扩展名。编译的作用是对源程序进行词法检查和语法检查。编译时对文件中的全部内容进行检查，编译结束后会显示出所有的编译出错信息。一般编译系统给出的出错信息分为错误（error）和警告（warning）。

3. 将目标文件链接

改正所有的错误并全部通过编译后，得到一个或多个目标文件。此时要用系统提供的"链接程序（linker）"将一个程序的所有目标程序和系统的库文件以及系统提供的其他信息连接起来，最终形成一个可执行的二进制文件，它的扩展名是".exe"，是可以直接执行的。

4. 执行程序

运行最终生成的可执行的二进制文件（.exe 文件），得到运行结果。

5. 分析运行结果

如果运行结果不正确，应检查程序逻辑或算法是否有问题。整个程序的执行过程如图 4-12 所示。

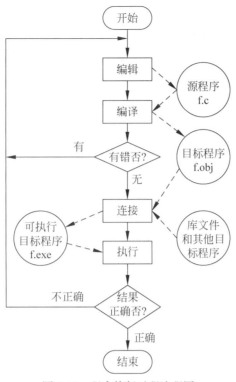

图 4-12　程序执行过程流程图

（1）VS 2015 编译当前打开的源文件，单击菜单栏中的"生成"按钮，选中"编译"
选项，如图 4-13 所示。

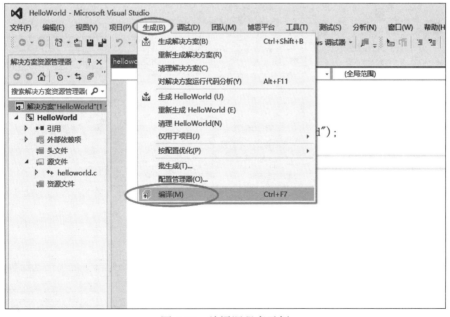

图 4-13　编译源程序示例

（2）编译成功，如图 4-14 所示。

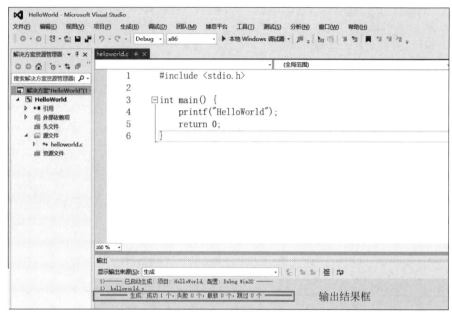

图 4-14　编译成功示例

（3）连接程序，单击菜单栏中的"生成"按钮，选中"生成 HelloWorld"选项，创建可执行程序，如图 4-15 所示。

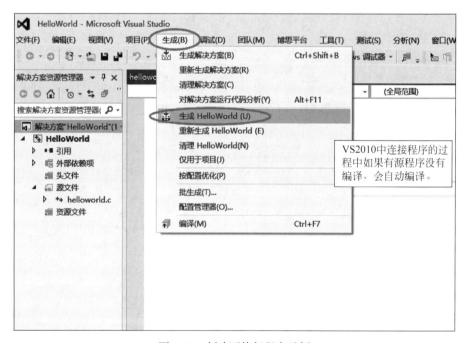

图 4-15　创建可执行程序示例

（4）连接成功，如图 4-16 所示。

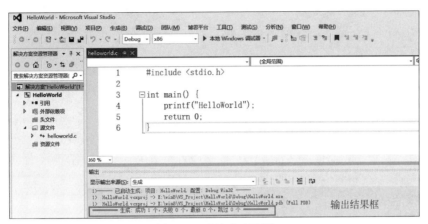

图 4-16　连接成功示例

4.5　常见问题解决

通过前面的学习，可以搭建出 C 语言基本编程环境，但是在实际编写过程中，不知道这短短几句代码，会让你掉入多少个陷阱中。本节将带你一步一步找出错误，修复代码，同时列举几种在编程初期常见的问题及解决方法。对于新手而言，掌握这些基本修改错误的技巧，在之后的编程上都是大有裨益的。

修改错误分为四个步骤。

（1）定位。

（2）改错。

（3）重新生成。

（4）运行。

如图 4-17 所示，以缺少分号报错为例，具体讲解修改错误的步骤。

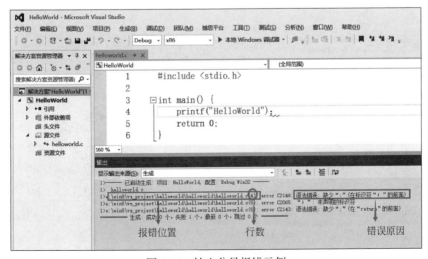

图 4-17　缺少分号报错示例

1．定位

在输出窗口（或错误列表）中找到第一个 error，根据这个 error 可定位到错误的具体位置，错误的地方就在定位的位置或者上下行，如图 4-17 的错误定位在 helloworld.c 的第 4 行。

2．改错

找到错误位置后，根据第一个 error 后的报错原因改错。这里一个小技巧就是只改第一个 Bug，也就是第一个 error，因为后面的错误有可能是因为第一个错误引发的。如图 4-17 所示，第一个 error 错误原因是"缺少英文分号"，因为代码的每一句都要以英文分号结束，这个错误有两种可能，分号没写或者写成中文分号，图 4-17 报错原因是将英文分号写成中文分号，将中文分号改为英文符号即可。

3．重新生成

在修改第一个错误后重新生成，如果报错，重复以上步骤修改代码，直至没有错误，如图 4-18 所示。

图 4-18　重新生成后结果示例

4．运行

经过以上步骤，没有错误后运行程序，程序正确执行后的运行结果如图 4-19 所示。

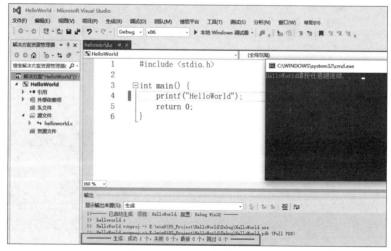

图 4-19　运行正确结果示例

上面将修改错误过程做了详细讲解，下面列举几种常见问题，根据输出窗口的报错信息找出程序的错误。

　　（1）无法解析的外部符号 ×××。

　　错误分析：单词拼写错误或没有引入相应的头文件。

　　错误原因：如图 4-20 所示，单词拼写错误，将 main 写成 mian；如图 4-21 所示，没有引入输入输出流的头文件"#include <stdio.h>"。

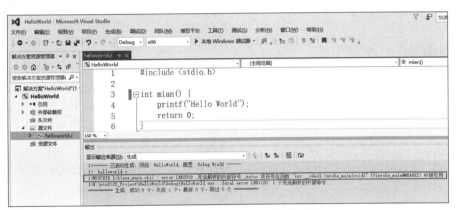

图 4-20　无法解析的外部符号报错示例一

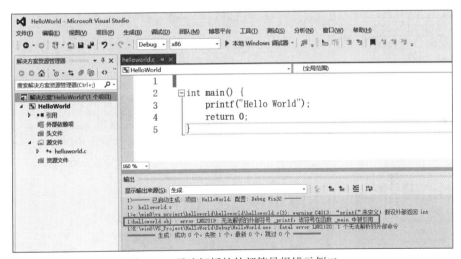

图 4-21　无法解析的外部符号报错示例二

　　（2）main 函数重定义。

　　错误分析：main 函数是程序的入口函数，一个项目有且只有一个 main 函数。

　　位置：test.c 编译的目标程序 test.obj 错误。

　　错误原因：main 函数已经在 helloworld.obj 中定义。程序先执行了 helloworld.c，这个源文件中已经存在 main 函数，那么这个程序的入口就是 helloworld.c 里的 main 函数，再次执行 test.c 时，其中也有 main 函数，这时候程序就会报冲突的错误，如图 4-22 所示。

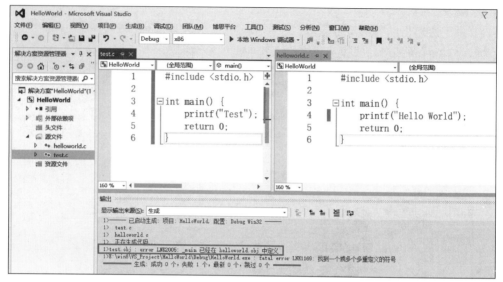

图 4-22　main 函数重定义报错示例

（3）在"×××位置"应输入"×××"；"×××"符号不匹配。

错误分析：这样的问题，错误提示很明显，直接根据错误提示去修改即可。

错误原因：如图 4-23 所示，main 函数后面没有函数括号，添加括号 () 即可；如图 4-24 所示，看到提示应该也能猜出来，原因就是大括号没有成对出现，在代码第 6 行添加一个右大括号"}"。

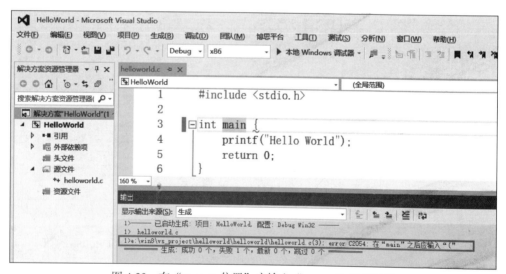

图 4-23　在"×××位置"应输入"×××"报错示例

（4）其他情况，如缺少 main 函数，如图 4-25 所示。

错误分析：一个项目中一定要有一个 main 函数，在编程时要养成习惯，先写 main 函数，再写内部代码。

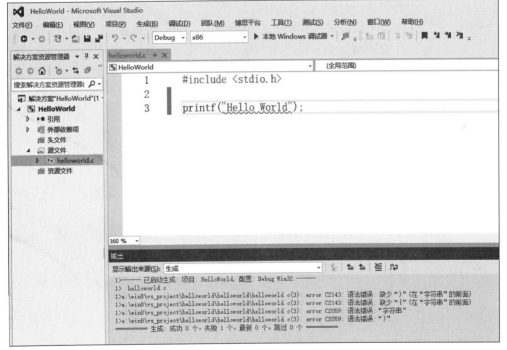

图 4-24　"×××"符号不匹配报错示例

图 4-25　缺少 main 函数错误示例

以上列举的几种问题，是刚接触编程的同学们经常会遇到的。解答部分是给同学们作为参考的，在之后的编程中遇到问题时多总结，在这样的错误面前不仅会更加谨慎小心，而且可以提高自身修复 Bug 的能力。

4.6 本章小结

本章在计算思维思想的基础上，通过对 C 语言框架的学习，利用编程实现计算思维与计算机本身的映射，主要介绍 C 语言框架以及运行机制，包括 VS 2015 开发工具的安装和环境配置，使学生对程序设计语言有一个初步的概念。

关键点概括如下。

（1）2014 年 11 月 13 日，微软宣布了 Visual Studio 2015 开放下载，VS 2015 产品具有以下功能：能够创建跨平台运行的 ASP.NET 5 网站（包括 Windows、Linux 和 Mac）；集成了对构建跨设备运行应用的支持；已整合来自微软研究院的单元测试技术；更优的代码编辑器。当要修复代码的时候，将会出现一个小灯泡，它会向你提供一系列修复代码的方案。

（2）在 C 语言中，一个程序，无论复杂或简单，总体上都是一个"函数"，这个函数就称为"main 函数"，它是整个程序的入口，为避免出现异议，因此一个程序有且仅有一个入口，即一个主函数。程序从 main 函数的左大括号"{"开始执行，至右大括号"}"结束。

（3）单行注释与多行注释，这两种注释方法的区别是，单行注释表示从"//"之后开始是注释，只能管到这一行的结束，而多行注释"/*…*/"则是从第一个"/*"开始，到"*/"结束，可以自己随意选择起始和结束位置，中间可跨越多行，均为注释。所以在学语法的时候，注释可以忽略不计，因为注释对程序本身是没有作用的。一般来说，注释可以加在代码的任何地方，但是为了美观还是要规范地写注释。

4.7 本章习题

1．简单描述如何通过 VS 2015 工具实现一个 C 语言框架的搭建。

2．简单描述 C 语言程序的编译与执行过程。

3．利用 VS 2015 工具完成一个 C 语言框架的搭建，并编写主函数，成功运行出控制台。

4．利用 VS 2015 工具完成一个 C 语言框架的搭建，并编写主函数，要求在控制台上输出自己的姓名、班级、学号等基本信息。

5．简单描述 C 语言编程过程中常见的一些 Bug 以及导致该项 Bug 的可能原因，并简述修复方式。

第5章　C 语言基础——"我们"不一样

在第 4 章中，初步了解了编程工具 VS 2015 的使用，并利用 VS 2015 编写了最简单的 C 语言程序：输出"Hello World"的执行结果，该程序的编译过程我们已了解。在日常生活中，我们会接触不同的数据，例如某人年龄为 20 岁，身高为 162.5cm，那么在 C 语言编程中，20 和 162.5 的表示方式是否一样呢？

在本章中，我们将进一步探讨 C 语言编程中不同数据的类型，不同类型的数据的定义及赋值，以及类型之间的强制转换。

5.1　数据类型

日常生活中，同样是数字组成的数据，例如账号、密码和余额，它们之间有什么区别呢？账号和密码不可进行加减操作，而余额可以实现，这是为什么呢？

因为在我们的大脑里已经默默地赋予账号、密码和余额不同的类型。同样，在计算机的世界里，每一个数据都属于不同的类型，相同类型的数据才能进行相关的操作，例如，账号和密码不可进行加减操作。

5.1.1　常见的数据类型

C 语言包含的数据类型如图 5-1 所示。

C 语言中，六种基本的数据类型包括短整型（short）、整型（int）、长整型（long）、单精度浮点型（float）、双精度浮点型（double）、字符型（char）。在不同的系统上，这些数据类型占用的字节长度是不同的。在 32 位系统上，这些常用数据类型占用的字节长度如表 5-1 所示。

表 5-1　常用数据类型的字节长度（32 位系统）

类　　型	类型标识符	字　节　数	数　值　范　围
整型	int	4 字节	$-2\ 147\ 483\ 648 \sim +2\ 147\ 483\ 647$
短整型	short	2 字节	$-32\ 768 \sim +32\ 767$
长整型	long	4 字节	$-2\ 147\ 483\ 648 \sim +2\ 147\ 483\ 647$
单精度浮点型	float	4 字节	$3.4 \times 10^{-38} \sim 3.4 \times 10^{38}$
双精度浮点型	double	8 字节	$1.7 \times 10^{-308} \sim 1.7 \times 10^{308}$
字符型	char	1 字节	$-128 \sim 127$

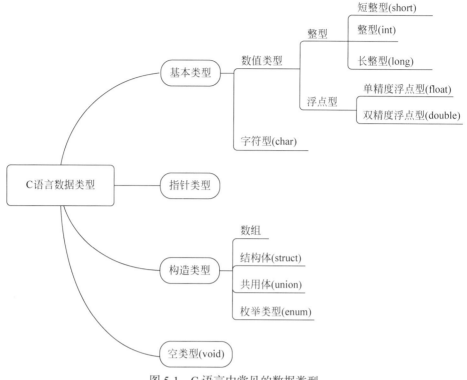

图 5-1　C 语言中常见的数据类型

5.1.2　变量与常量

生活中，大家常见的 ATM 机，其核心部件本质是一台计算机，对于计算机以及计算机上运行的程序而言，所操作的对象（如银行卡，包括卡号、密码、金额等），均为数据。计算机操作的对象是数据，程序中数据有变量和常量两种常见形式。

1．变量

在 ATM 机取款时，某些数据，例如银行卡的余额等，在程序运行的过程中可以改变，这种在程序运行过程中可以发生变化的数据称为变量。通常情况下，我们都会定义一些变量对需要监控的数据进行跟踪。

变量是计算机存储器中的一块命名的空间，可以在里面存储一个值，存储的值是可以随时改变的，而我们需要访问或者修改的数据则是通过变量名进行访问。

1）变量的命名

变量的命名需遵守以下两个规则。

（1）变量名只能由字母、数字和下画线组成。

（2）变量名必须以字母或下画线开头。

例如，判断以下变量名是否合法。

name（√）

_name（√）

name_123（√）

123_name（ × ）　　　错误原因：以数字开头。

name@123（ × ）　　　错误原因：出现无法识别的符号 @。

_ name（ × ）　　　　错误原因：出现空格。

另外，变量的命名还必须注意。

（1）变量名是区分大小写的，例如 age 和 Age 是两个不同的变量。

（2）变量名的命名最好具有一定的含义，以便让阅读者见名知意。

（3）建议变量名的长度最好不要超过 8 个字符。

2）变量的定义

所有的 C 语言中的变量必须先定义，然后使用。变量定义的一般形式为：

```
<类型名> <变量列表>;
```

其中，<类型名>必须是有效的 C 语言数据类型，如 int、float 等；<变量列表>可以由一个或多个用逗号分隔的变量名组成，如：

```
int number;          // 定义一个整型的变量，变量名为 number
float a,b,c,d,e;     // 定义 a,b,c,d,e 这 5 个单精度浮点型变量
```

3）变量的赋值

在 C 语言中，赋值符号为一个等号"="，并且在赋值的过程中，是"="右边的值赋值给左边的变量，如：

```
int a=10;            // 定义了整型变量 a，并将 10 赋值给 a
char sex='m';        // 定义了字符型变量 sex，并将 m 赋值给 sex
```

C 语言要求对变量做强制定义，有以下原因。

（1）凡未被事先定义的，不能作为变量使用。

（2）每一个变量被指定为一确定类型，在编译时就能为其分配相应的存储单元。如指定 a 和 b 为 int 型，一般的编译系统对其各分配 4 字节，并按整数方式存储数据。

（3）指定每一变量属于一个特定的类型，这就便于在编译时，据此检查该变量所进行的运算是否合法。

例如，整型变量 a 和 b 可以进行求余运算：a%b，% 是"求余"得到 a/b 的余数。如果将 a 和 b 指定为字符型变量，则不允许进行"求余"运算，在编译时会给出有关的出错信息。

4）强制类型转换

可以利用强制类型转换运算符将一个表达式转换成所需类型。强制类型转换的一般形式为：

```
<类型名> <表达式>
```

例如：

```
(double)salary;      // 将 salary 转换成 double 类型
(int)(x+y);          // 将 x+y 的值转换成 int 型
(float)(5%3);        // 将 5%3 的值转换成 float 型
```

【例 5-1】 阅读下面的程序，了解强制类型转换。

```
/*example5_1.c 强制类型转换 */
#include<stdio.h>
int main()
{
    float x=3.6;
    int y;
    y=(int)x;                    // 将 x 转换成 int 类型，赋值给 y
    printf("%f",x);
    printf("y=%d",y);
    return 0;
}
```

运行的结果是：

```
x=3.600000   y=3
```

注意：从强制类型转换代码中可以看到，将小数强制转换成整数时，直接获取小数点前的整数部分，而不会进行四舍五入等额外操作。

2．常量

假设 ATM 取款机中，最大取款限额为 10000 元。10000 元这个数据在程序运行过程中始终不会被改变，这种在程序中永远不会被修改的数据被称为常量。

1）符号常量

C 语言允许将程序中的常量定义为一个标识符，称为符号常量。习惯上将符号常量用大写英文字母表示，以区别于一般用小写英文字母表示的变量。符号常量在使用前必须先定义，符号常量的定义形式为：

```
#define 常量名 常量值
```

例如，定义一个符号常量，常量名为 MAX_MONEY，常量值为 10000。

```
#define MAX_MONEY 10000
```

注意：常量名没有规定一定要用大写字母，但是作为一种编程规范，建议使用大写，以区分变量与常量。

【例 5-2】 了解符号常量的使用。

```
/*example5_2.c 常量的定义、赋值和运算 */
#include<stdio.h>
#define MAX_MONEY 10000
int main()
{
    int total;
    printf("MAX_MONEY=%d",MAX_MONEY);
    printf("\n");
    total=MAX_MONEY*3;    // 对常量的计算
    printf("%d",total);
```

```
        return 0;
    }
```

注意：常量是自身不可以修改的量，因此上述代码出现 MAX_MONEY = 3；类似情况则程序都是会报错的。

符号常量的目的是为了提高程序的可读性，便于程序的调试和修改，因此在定义符号常量名时，应使其尽可能地表达它所代表的常量的含义。此外，若要对一个程序中多次使用的符号常量值进行修改，只需对预处理命令中定义的常量值进行修改即可。

2）字符常量

字符常量是用一对单引号括起来的单个字符，如 'a', 'A', 'D', '?' 等都是字符常量。注意 'a' 和 'A' 是不同的字符常量。

5.1.3　玩转变量

在 C 语言编程中，如定义了两个整型变量 a 和 b，并分别赋值为 12 和 13，语句如下：

```
int a=12, b=13;
```

如果需要将 a、b 的值互换，怎样解决呢？

我们来看一个生活中的例子，假设有两个碗，A 碗里面盛的是米饭，B 碗里面盛的是面条，如果要交换两个碗里的东西，有什么办法可以做到呢？

显然，需要引入第 3 个碗——C 碗，通过以下三个步骤就可以完成交换。

（1）将 A 碗的饭倒入 C 碗。

（2）将 B 碗的面倒入 A 碗。

（3）将 C 碗的饭倒入 B 碗。

同样，在 C 语言编程中，实现变量 a 和 b 的值互换，也可以这么做，首先定义整型变量 c（int c;），然后执行以下三条语句。

```
c=a;    //a 的值赋给 c,c 的值是 12
a=b;    //b 的值赋给 a,a 的值是 13
b=c;    //c 的值赋给 b,b 的值是 12
```

5.2　运算符和表达式

在 ATM 机取款程序中，有很多运算操作，例如，余额的增减、密码的判断等。从根本上说，计算机是由数字电路组成的运算机器，只能对数字做运算，程序之所以能做符号运算，是因为符号在计算机内部也是用数字表示的。

C 语言常用的运算符有以下几种。

（1）算术运算符。

（2）赋值运算符。

（3）关系运算符。

（4）逻辑运算符。

（5）条件运算符。

5.2.1 算术运算符及表达式

C 语言中的算术运算符主要用于完成变量算术运算，如加、减、乘、除等，各运算符及其作用如表 5-2 所示。

表 5-2 算术运算符及其作用

运 算 符	含 义	作 用
*	乘法运算	乘法
/	除法运算	除法
%	模运算	模运算（整数相除，结果取余数）
+	加法运算	加法
−	减法运算	减法

注意：在表 5-2 中，如果参与除法运算（/）的两个变量均为整型，则结果为整除取整，否则结果就为浮点型。另外，参与模运算（%）的两个变量只能是整型，不能是浮点型。

1. 一般算术运算符

一般不提倡在一个表达式中出现很多的运算符，这样很难准确地表达真实的意图，如果一定要在程序中使用复杂的表达式，建议采用小括号的形式将复杂的表达式明确地分解成按指定的顺序计算，这样有助于培养良好的程序设计风格。

【**例 5-3**】 阅读下面的程序，了解算术运算符的使用。

```c
/*example 5_3.c 了解算术运算符的使用 */
#include<stdio.h>
int main()
{
  int a=20;
  int b=11;
  int c=a+b;
  printf("%d\n",c);
  printf("%d\n",a - b);
  printf("%d\n",a * b);
  printf("%d\n",a / b);
  printf("%d\n",a % b);
  return 0;
}
```

注意：如果两个整数执行除法（/）运算，则结果只取整数部分，这样有可能会造成数据"丢失"，这样会使程序的运行结果变得不正确，这是在程序设计时必须要注意的。

2. 自增 / 自减运算符

自增运算（++）和自减运算（−−）与其他运算符不同，它们有一个共同点，就是该运算符既可以出现在变量的左边，构成前置 ++/−−，又可以出现在变量的右边，构成后置 ++/−−。前置 ++/−− 和后置 ++/−− 的运算说明如表 5-3 所示，其中 a 表示变量。

表 5-3　前置 ++/−− 和后置 ++/−− 运算的说明

表 达 式	含 义	说 明
++a	预递增（自增运算）	a 加 1，然后返回 a 的值
a++	后递增（自增运算）	返回 a 的值，然后 a 加 1
−−a	预递减（自减运算）	a 减 1，然后返回 a 的值
a−−	后递减（自减运算）	返回 a 的值，然后 a 减 1

注意：（1）自增运算符和自减运算符只能用于变量，而不能用于常量或表达式，如 5++ 或 (a + b)++ 都是不合法的。因为 5 是常量，常量的值不能被改变。(a + b)++ 也不能实现，假如 a + b 的值为 5，那么自增后得到的 6 无变量可供存放。

（2）建议不要随意滥用自增、自减运算符，以避免含糊不清的表达，如"++a++；"和"−−++a；"等都是错误的表达式，但"(a++)+(++b)；"是符合语法规则的。

【例 5-4】 阅读下面的程序，了解算术运算符的使用。

```c
/*example 5_4.c 了解自增 / 自减运算符的使用 */
#include<stdio.h>
int main()
{
  int a=10;
  printf("%d\n",a++);
  printf("%d\n",a);

  a=10;
  printf("%d\n",++a);
  printf("%d\n",a);

  a=10;
  printf("%d\n",a--);
  printf("%d\n",a);

  a=10;
  printf("%d\n",--a);
  printf("%d\n",a);

  return 0;
}
```

5.2.2　赋值运算符及表达式

赋值运算符包括 =、+=、−=、*=、/=、%= 等，它们的含义如表 5-4 所示。

表 5-4　赋值运算符及其含义和说明

表 达 式	含 义	说 明
x=y	x=y	将 y 的值赋值给 x
x+=y	x=x+y	将 x+y 的值赋值给 x
x-=y	x=x-y	将 x-y 的值赋值给 x
x*=y	x=x*y	将 x*y 的值赋值给 x
x/=y	x=x/y	将 x/y 的值赋值给 x
x%=y	x=x%y	将 x%y 的值赋值给 x

【例 5-5】　阅读下面的程序，了解赋值运算符的使用。

```c
/*example 5_5.c 了解赋值运算符的使用 */
#include<stdio.h>
int main()
{
  int a,b;
  a=b=5;          // 将 5 同时赋值给 a 和 b
  a+=b;           // 将 a+b 的值赋值给变量 a
  printf("%d\n",a);

  a-=b;
  printf("%d\n",a);

  a*=b;
  printf("%d\n",a);

  a/=b;
  printf("%d\n",a);

  a%=b;
  printf("%d\n",a);

  return 0;
}
```

5.2.3　关系运算符及表达式

　　C 语言中关系运算符主要用于判断条件表达，关系运算符及其含义和优先级如表 5-5 所示。

表 5-5　关系运算符及其含义和说明

关系运算符	含 义	说 明
x == y	等于	如果 x 等于 y，则返回 1
x != y	不等于	如果 x 不等于 y，则返回 1
x > y	大于	如果 x 大于 y，则返回 1
x < y	小于	如果 x 小于 y，则返回 1
x >= y	大于或等于	如果 x 大于或等于 y，则返回 1
x <= y	小于或等于	如果 x 小于或等于 y，则返回 1

【例 5-6】 阅读下面的程序，了解关系运算符的使用。

```
/*example 5_6.c 了解关系运算符的使用 */
#include<stdio.h>
int main()
{
  printf("%d",3==5);              //0
  printf("%d\n",3!=5);            //1
  printf("%d\n",3>=5);            //0
  printf("%d\n",3<=5);            //1
  printf("%d\n",3>5);             //0
  printf("%d\n",3<5);             //1
  return 0;
}
```

注意：关系运算是用来确定两个数之间的关系，得到的值为零或非零，零表示假，非零表示真。

5.2.4　逻辑运算符及表达式

C 语言中的逻辑运算符主要用于判断条件中的逻辑关系，逻辑运算符及其说明如表 5-6 所示。

表 5-6　逻辑运算符及其含义和说明

关系运算符	含　义	说　明
x && y	逻辑与	如果 x 和 y 都为真，则返回 1
x || y	逻辑或	如果 x 和 y 至少有一个为真，则返回 1
!x	逻辑非	如果 x 不为假，则返回 1

【例 5-7】 阅读下面的程序，了解逻辑运算符的使用。

```
/*example 5_7.c 了解逻辑运算符的使用 */
#include<stdio.h>
int main()
{
  printf("%d",3==5 && 3<5);       //0
  printf("%d\n",3==5 || 3<5);     //1
  printf("%d\n",!0);              //1
  return 0;
}
```

注意：逻辑运算先将比较的两边的数据转换成布尔类型，再执行它们的关系运算，得到的值为布尔值。

5.2.5　条件运算符及表达式

条件运算符又称为三目运算符，由问号"？"和冒号"："组成，"三目"指的是操作数的个数有三个，由三目运算符构成条件表达式，它的一般形式为：

逻辑表达式？表达式1：表达式2；

条件表达式的语法规则为：逻辑表达式的值若为非零（即为真），则条件表达式的值等于表达式1的值；若逻辑表达式的值为零（即为假），则条件表达式的值等于表达式2的值。

【例5-8】 阅读下面的程序，了解条件运算符的使用。

```c
/*example 5_8.c 了解条件运算符的使用 */
#include<stdio.h>
int main()
{
  int a=3>5?10:20;
  printf("%d",a);
  return 0;
}
```

5.2.6 关于运算符的优先级

上述所讲的运算符之间的优先级关系如图5-2所示。

图5-2 运算符的优先级

优先级顺序为：! > 算术运算符 > 关系运算符 > && 和 || > 赋值运算符，也就是当这些运算符混在一起的时候，按照优先级的顺序，优先计算优先级较高的值。例如表达式：!x||a==b 的默认运算顺序是 (!x)||(a==b)，而不是 ((!x)||a)==b 或者 !(x||a==b) 等其他形式，其他形式的运算顺序是错误的。

5.3 表 达 式

5.3.1 表达式的概念

表达式就是由一系列操作符和操作数组成的具有一个确定结果（值）的一个式子。下面我们来看几个合法的表达式。

```
4
4+21
a*(b + c/d)/20
q=5*2
x=++q%3
q > 3
"hello world"
```

可以看到：

（1）一个表达式也可以没有操作符，例如，"4" 这种形式就是最简单的表达式形式，即最简单的表达式只有一个常量或一个变量名称而没有操作符。

（2）一些表达式是多个较小的表达式的组合，这些小的表达式被称为子表达式

（subexpression）。例如，表达式 c/d 是表达式 a * (b + c/d) / 20 的子表达式。

5.3.2 表达式的作用

表达式的作用有如下几个。

1．计算数值

这是表达式的主要作用。例如，表达式"3+2"的目的就是计算数值 3 和 2 的和。与此同时，表达式同时也表示这个计算所得到的值。

2．指明数据对象或者函数

例如程序中有"int i；"声明语句，那么表达式"i=3；"中的 i 就指代变量 i 所代表的那个对象，即一块连续的内存空间。

3．产生副作用

副作用就是运行时对数据对象或文件的修改。来看几个例子。

（1）表达式"i = 50；"的副作用是将变量 i 的值设置为 50，这样说是不是让你感到惊讶？这怎么可能是副作用，看起来更像是主要目的！然而，从 C 语言的角度来看，主要的目的却是对表达式求值。

（2）表达式 printf("ABC") 的副作用就是在标准输出设备上连续打印字符 A、B 和 C。

注意：并不是所有的表达式都有副作用，表达式 2+3 的值为 5，但是没有任何副作用。

4．以上作用的结合

5.3.3 表达式的属性

任何表达式都有值和类型两个基本属性。任何一个表达式都要有一个确定的结果值。C 语言中表达式的种类较多，主要有以下类型。

1．算术表达式

例如，算术运算的表达式：x+5*y；关系表达式：x>=5，x<6，x==8。

2．逻辑表达式

例如，c=='y' || c=='Y'，与、或、非三种逻辑运算的表达式。

3．赋值表达式

例如，x=6+y，进行变量赋值的表达式。

4．条件表达式

例如，x>y?1:0，如果 x>y 则取 1，否则取 0。

5．逗号表达式

逗号表达式是由逗号运算符","将两个表达式连接起来组成的一个表达式，逗号表达式的一般形式为：

```
表达式 1，表达式 2；
```

逗号表达式的语法规则是：先计算表达式 1 的值，再计算表达式 2 的值。逗号表达式的最后结果为表达式 2 的计算结果。例如：

```
b=(b=3*5,b*4);
```

根据逗号表达式的运算规则，变量 b 的值最终为 60。

5.4 本 章 小 结

本章首先介绍了六种基本的数据类型，包括短整型、整型、长整型、单精度浮点型、双精度浮点型、字符类型。讲解了这些数据类型所占的字节数及表示范围；又介绍了变量和常量，包括变量和常量的定义、命名和赋值。接着详细介绍了 C 语言中常用的运算符，包括算术运算符、赋值运算符、关系运算符、逻辑运算符以及条件运算符。最后介绍了表达式的概念、作用和属性。

关键点概括如下。

1．数据类型

常用数据类型占用的字节长度如表 5-1 所示。

2．变量和常量

变量是指值可以发生变化的量，常量是指值不能发生变化的量。变量和常量都要先定义后使用。

3．运算符

C 语言中基本的运算符包括：算术运算符、赋值运算符、关系运算符、逻辑运算符以及条件运算符，要注意各种运算符之间的优先级。

4．表达式

表达式就是由一系列操作符和操作数组成的具有确定结果（值）的一个式子。

5.5 本 章 习 题

1．为什么 C 语言的字符型可以进行数值运算？

2．简述 'a' 和 "a" 的区别。

3．有程序语句如下：

```
int a=12;
a=15;
```

运行该程序语句后，a 的值是多少？为什么？

4．华氏温度 F 与摄氏温度 C 的转换公式为 C=(F−32)*5/9，则以下语句是其对应的 C 语言表达式吗？如果不是，为什么？

```
float C,F;
C=5/9*(F-32);
```

5．已知 a=10，b=20，则表达式 !a<b 的值是多少？

6．若圆的半径为 r，用 C 语言的表达式格式写出圆的面积公式。

7．请写出判断一个字符变量 c 是否是英文字符的表达式。

8．请写出判断一个字符变量 c 是否是数字字符的表达式。

9．设 x 和 y 均为整型变量，且 x=1，y=2，则表达式 1.0+x/y 的值是多少？

第 6 章 标准输入与输出函数
——我想和"你"聊聊

所谓输入输出是以计算机主机为主体而言的。从计算机向外部输出设备（如显示屏、打印机、磁盘等）输出数据称为"输出"，从外部向输入设备（如键盘、磁盘、光盘、扫描仪等）输入数据称为"输入"。

C 语言本身不提供输入输出语句，输入和输出操作是通过函数来实现的，C 标准函数库中提供了一些输入输出函数，例如 printf 函数和 scanf 函数。读者在使用它们时，千万不要误认为它们是 C 语言提供的输入输出语句。printf 和 scanf 不是 C 语言的关键字，而只是函数的名字。实际上完全可以不用 printf 和 scanf 这两个名字，而另外编两个输入输出函数， 用其他的函数名。C 语言提供的函数以库的形式存放在系统中，它们不是 C 语言文本中的组成部分。

C 语言函数库中有一批"标准输入输出函数"，它是以标准的输入输出设备（一般为终端设备）为输入输出对象的。其中有 printf（格式输出）、scanf（格式输入）、putchar（输出字符）、getchar（输入字符）、puts（输出字符串）、gets（输入字符串）。不同的函数在功能上有所不同，使用时应根据具体的要求，选择合适的输入输出函数。

本章中只介绍前面四个最基本的输入输出函数。

6.1 格式化输出函数 printf

在 C 语言中，printf 函数称为格式输出函数，其关键字最末一个字母 f 即为"格式"（format）之意。其功能是按用户指定的格式，把指定的多个数据显示到显示器屏幕上。在前面的章节中已多次使用过这个函数，下面就详细介绍一下该函数的使用方法。

6.1.1 printf 函数调用的一般形式

printf 函数是一个标准库函数，它的函数原型在头文件 stdio.h 中。但作为一个特例，不要求在使用 printf 函数之前必须包含 stdio.h 文件。

1. printf 函数一般格式介绍

printf 函数的一般格式为：

```
printf（格式控制,输出表列）
```

例如下列输出语句：

```
printf(" 输出一个整数：%d",10);          // 输出一个整数：10
printf("%d,%c",10,'a');                //10,a
printf("%d,%c,%f",10,'a',10.2);        //10,a,10.200000
printf("%0.2f",10.12345);              //10.12
```

从上述案例中可以看出，printf的小括号内由逗号隔开，分为两部分，这两个部分分别称为"格式控制"和"输出列表"，如图6-1所示。

图 6-1　printf 函数格式划分图

1）格式控制

格式控制是用双引号括起来的字符串，也称转换控制字符串，如图6-2所示。它包括两种信息，分别是格式字符串和非格式字符串。

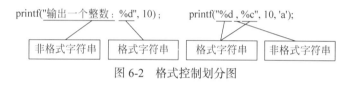

图 6-2　格式控制划分图

（1）格式字符串，由"%"和格式字符组成，如%d、%c、%f等。它的作用是将输出的数据转换为指定的格式输出。格式说明总是由"%"字符开始的。

（2）非格式字符串，在显示中起提示或特殊输出作用。例如上面 printf 函数中双引号内的逗号、空格、中文提示等。

2）输出列表

输出列表可以是常量、变量、表达式。当有多个输出项时，各项之间用逗号分隔。例如下列输出语句。

```
printf(" 输出一个常量：%d",20);               // 输出一个常量：20
int x = 20; printf(" 输出一个变量：%d",x); // 输出一个变量：20
printf(" 表达式：7除以3商是%d,余是%d",(7/3),(7%3));// 表达式：7除以3,商是2,
                                            // 余是1
```

2. printf 函数一般注意事项

（1）要求格式字符串和各输出项在数量和类型上应该一一对应。

例如下列输出语句：

```
printf("%d",10,12);                    // 错误，格式字符串与输出列表个数不匹配
printf("%f",'x');                      // 错误，格式字符串与输出列表类型不匹配
printf("%f,%d,%c",10,'a',10.2);        // 错误，格式字符串与输出列表类型不匹配
```

仔细观察以下两行代码：

```
printf("%d,%d",65,'a');  // 正确，输出  65,97
printf("%c,%c",65,'a');  // 正确，输出  A, a
```

在 C 语言中，只有 %d 和 %c 两种格式控制可以实现互换，并且它们互换遵循一种规范，即美国信息交换标准代码 ASCII 码表。在该表中十进制数 65 对应字符 A，而字符 a 对应十进制数 97。图 6-3 是美国信息交换标准代码 ASCII 码表（部分），请大家查阅字符 'a' 的十进制数表示，以及十进制数 65 所对应的字符。

常用ASCII码表

代码	字符	代码	字符	代码	字符	代码	字符	代码	字符
32		52	4	72	H	92	\	112	p
33	!	53	5	73	I	93	]	113	q
34	"	54	6	74	J	94	^	114	r
35	#	55	7	75	K	95	_	115	s
36	$	56	8	76	L	96	`	116	t
37	%	57	9	77	M	97	a	117	u
38	&	58	:	78	N	98	b	118	v
39	'	59	;	79	O	99	c	119	w
40	(	60	<	80	P	100	d	120	x
41	)	61	=	81	Q	101	e	121	y
42	*	62	>	82	R	102	f	122	z
43	+	63	?	83	S	103	g	123	{
44	,	64	@	84	T	104	h	124		
48	-	65	A	85	U	105	i	125	}
46	.	66	B	86	V	106	j	126	~
47	/	67	C	87	W	107	k		
48	0	68	D	88	X	108	l		
49	1	69	E	89	Y	109	m		
50	2	70	F	90	Z	110	n		
51	3	71	G	91	[	111	o		

图 6-3　部分 ASCII 码表展示图

（2）使用 printf 函数时注意输出表列中的求值顺序。

不同的编译系统不一定相同，可以从左到右，也可从右到左，在 VS 工具中编译系统是从右到左执行的。其实，想要快速判断当前使用的编译器的执行顺序很简单，只需要执行一段最简单的代码，观察运行结果即可。例如下面这段代码：

```
int i=5;
printf("%d %d", i, ++i);
```

使用从左到右的编译系统，输出：5 6；而使用从右到左的编译系统，则输出：6 6。

6.1.2　printf 格式字符说明

对不同类型的数据用不同的格式字符，换而言之，格式字符规定了对应输出项的输出格式。格式说明的一般格式为：

```
% [<修饰符>]<格式字符>
```

常用的格式字符如表 6-1 所示。

表 6-1　常用格式字符

字 符	含 义	举 例	结 果
d	十进制整数	int a = 567; printf("%d"，a);	567
c	单一字符	char a = 'm'; printf("%c"，a);	m
f	小数形式浮点小数	float a = 567.789; printf("%f"，a);	567.789001
s	一个字符串	printf("%s"，"China ");	China

注意：在格式字符前面，还可用字母 l 和 h（大小写均可）来说明是用 long 型或 short 型格式输出数据。例如：%Lf 表示长浮点型。

此外，修饰符是可选的，用于确定数据输出的宽度、精度、小数位数、对齐方式等。若默认修饰符，按系统默认设定输出。

修饰符主要类型有两种，分别是字段宽度修饰符和对齐方式修饰符。

1．字段宽度修饰符

用数字修饰输出字符占用的宽度。例如：%3d，%4c，%5f，%0.2f，%6s 等均为正确的输出格式说明。字段宽度修饰符说明如表 6-2 所示。

表 6-2　字段宽度修饰符说明

修饰符	说 明	示 例	运行结果 （下画线表示空格）
%xd	至少有 x 个整数，不够补空	printf("%3d",1);	__1
%xc	至少有 x 个字符，不够补空	printf("%4c",'a');	___a
%xf	至少有 x 个整数，不够补空	printf("%10f",12.345);	_12.345000
%0.xf	四舍五入保留 x 位小数	printf("%0.2f",12.345);	12.35
%xs	字符串中至少有 x 个字符，不够补空	printf("%6s","hello");	_hello

2．对齐方式修饰符

默认输出方式为右对齐方式。在 % 后面加上一个负号 "-"，可使数据的输出方式改为左对齐的方式。例如：%-3d，%-4c，%-5f，%-0.2f，%-6s 等均为正确的输出格式说明。字段宽度修饰符说明如表 6-3 所示。

表 6-3　字段宽度修饰符说明

修饰符	说 明	示 例	运行结果 （下画线表示空格）
%-xd	至少有 x 个整数，不够补空	printf("%-3d",1);	1__
%-xc	至少有 x 个字符，不够补空	printf("%-4c",'a');	a___
%-xf	左对齐输出，不够补空	printf("%10f",12.345)	12.345000_
%-0.xf	四舍五入保留 x 位小数	printf("%-0.2f",12.345);	12.35
%-xs	字符串中至少有 x 个字符，不够补空	printf("%-6s","hello");	hello_

6.1.3　printf 普通字符说明

普通字符即为格式控制中的非格式字符串，具体包括可打印字符和转义字符。

（1）可打印字符按原样显示在屏幕上，起说明作用。

（2）转义字符是一种特殊形式的字符常量，用于产生特殊的输出效果。

转义字符就是以一个"\"开头的字符序列。例如在 printf 函数中的 '\n'，它代表一个"换行"符，这是一种控制字符，在屏幕上是不能原样显示的。在程序中也无法用一个一般形式的字符表示，只能采用特殊形式来表示。

常用的以"\"开头的特殊字符（又称转义字符）如表 6-4 所示。

表 6-4　常用转义字符

字符形式	功　　能	ASCII 码
\n	换行，将当前位置移到下行开头	10
\t	横向跳格	9
\r	回车，将当前位置移到本行开头	13
\f	换页	12
\\	反斜杠字符	92
\'	单引号字符	39
\"	双引号字符	34

注意：表中列出的字符称为转义字符，意思是将反斜杠（\）后面的字符转换成另外的意义。如 '\n'，不会输出 \n，因为"n"不代表字母 n，而作为换行符存在。

【例 6-1】　阅读下面的程序，了解一些常用的转义字符。

```c
#include<stdio.h>

int main()
{
    printf(" \' ");        //单引号
    printf(" \n ");        //换行
    printf(" \" ");        //双引号
    printf(" \n ");        //换行
    printf(" \\ ");        //反斜杠

    return 0;
}
```

运行结果：

'

"

\

6.2　格式化输入函数 scanf()

C 语言中 scanf 函数称为格式输入函数，其关键字最末一个字母 f 即为格式（format）之意。其功能是按用户指定的格式，把指定的多个数据通过键盘等其他输入设备传入到计算机中。

6.2.1　scanf 函数调用的一般格式

scanf 函数是一个标准库函数，它的函数原型在头文件 "stdio.h" 中。scanf 函数不同于 printf 函数，当用户输入数据时，计算机需要有对应的容器去保存数据，因此，需要先定义一些变量或数组等容器，用于接收输入的数据。

scanf 函数的一般格式为：

```
scanf(格式控制,地址表列)
```

如：

```
int i,c;
scanf("%d,%d",&i,&c);
```

格式控制的含义同 printf 函数；地址列表是由若干个地址组成的列表，可以是变量的地址，或字符串的首地址。

【例 6-2】　模拟用户分别输入三个不同类型的数据，并对应输出这三个数据。

```
#include<stdio.h>

int main()
{
    char  c;
    int   a;
    float f;

    scanf("%c", &c);
    scanf("%d", &a);
    scanf("%f", &f);
    printf("%c\t%d\t%0.1f",c,a,f);

    return 0;
}
```

运行时按以下方式输入 c，a，f 的值：

```
m                  （输入 c 的值 m，回车）
3                  （输入 a 的值 3，回车）
2.51               （输入 f 的值 2.51，回车）
```

控制台输出结果为（输出 c，a，f 的值）：

```
m   3   2.5
```

由上述代码可知，scanf 函数和 printf 函数中的格式说明相似，以 % 开始，以一个格式字符结束，中间可以插入附加的字符。

【例 6-3】　模拟用户一次性输入三个不同类型的数据，并对应输出这三个数据。

```
#include<stdio.h>

int main()
{
    char  c;
    int   a;
```

```
        float    f;

        scanf("%c%d%f", &c,&a,&f);
        printf("%c\t%d\t%0.1f",c,a,f);
        return 0;
}
```

运行时按以下两种方式输入 c，a，f 的值。

第一种，利用回车键分别进行输入：

```
m                          （输入 c 的值 m，按回车键）
3                          （输入 a 的值 3，按回车键）
2.51                       （输入 f 的值 2.51，按回车键）
m  3   2.5                 （输出 c,a,f 的值）
```

第二种，利用空格键一次性进行输入：

```
m   3   2.51               （输入 c 的值 m，按空格键，输入 a 的值 3，按空格键，输入 f 的值 2.51，
                            按回车键）
m   3   2.5                （输出 c,a,f 的值）
```

由上述代码可知，scanf 函数可以根据格式不同，一次性输入多个数据。

6.2.2　scanf 函数调用注意事项

scanf 函数与 printf 函数相似处很多，但也有很多区别，因此在使用输入函数 scanf 时，仍需要额外注意一些问题。

（1）scanf 函数中的"格式控制"后面应该是变量地址，而不应该是变量名。

例如：如果 a、b 为整型变量，则 scanf("%d, %d", a, b) 是不对的，应将"a，b"改为"&a，&b"。这是 C 语言与其他高级语言不同之处。

（2）如果在"格式控制"字符串中除了格式说明以外还有其他字符，则在输入数据时应输入与这些字符相同的字符。例如：

```
int a,b;scanf("%d,%d",&a,&b);
```

输入时应用如下形式：

```
3,4(回车)
```

注意：3 后面是逗号，它与 scanf 函数中的"格式控制"中的逗号对应。如果输入时不用逗号而用空格或其他字符是不对的。

（3）在用"%c"格式输入字符时，空格字符和"转义字特"都作为有效字符输入。例如：

```
char   c1,c2,c3;
scanf("%c%c%c",&c1,&c2,&c3);
```

如果输入：a(空格)b(空格)c(回车)，则程序会将字符 'a' 赋值给 c1，字符 ' 空格 ' 赋值给 c2，字符 'b' 赋值给 c3，因为 %c 只要求读入一个字符，后面不需要用空格作为两个字符的间隔，因此 ' 空格 ' 作为下一个字符送给 c2。

（4）在输入数据时，遇到以下情况时认为该数据结束。

① 遇空格，或按"回车"（Enter）或"跳格"（Tab）键。

② 按指定的宽度结束，如 "%3d"，只取 3 列。

③ 遇到非法输入。

C 语言的格式输入输出的规定比较烦琐，用得不对就得不到预期的结果，而输入输出又是最基本的操作，几乎每一个程序都包含输入输出，不少编程人员由于掌握不好这方面的知识而浪费了大量调试程序的时间。建议在学习本书时不必花许多精力去背诵每一个细节，重点掌握最常用的一些规则即可，其他部分可在需要时随时查阅。

6.3　字符输入与输出函数

C 语言专门为字符提供了单个字符的输入与输出函数，分别是字符输入函数 getchar 和字符输出函数 putchar。接下来这一节中就来讲解这两个函数的使用方法。

6.3.1　字符输出函数 putchar

putchar 函数的作用是向终端输出一个字符，它的功能与 printf 函数中的 %c 相同。其格式为 putchar(c)，其中 c 可以是：

（1）字符常量。

（2）字符变量。

（3）0~127 的一个十进制整型数（包含 0 和 127）或者整型表达式，如果是整型表达式，要求其表达式的值对应 ASCII 码表的字符。

（4）转义字符。

【例 6-4】 阅读下面的程序，了解单个字符输出函数。

```c
#include<stdio.h>

int main(){
    char c = 'A';

    putchar('A');        // 输出字符常量 A
    putchar(c);          // 输出字符变量 c 的值 A
    putchar('\n');       // 输出转义字符换行符
    putchar(5*13);       // 输出整型表达式的值 65，对应 ASCII 码表的字符 A

    return 0;
}
```

运行结果：

```
AA
A
```

6.3.2　字符输入函数 getchar

getchar 函数的作用是从输入设备得到单个字符，它的功能与 scanf 函数中的 %c 相同。函数中没有参数，但是 getchar 有一个 int 型的返回值。当程序调用 getchar 时，程序就等着用户按回车键。用户首先输入的字符被存放在键盘缓冲区中，直到用户按回车键为止（回车符也放在缓冲区中）。当用户按回车键之后，getchar 才开始从 stdio 流中每次读入一个字符。

getchar 函数的返回值是用户输入的字符的 ASCII 码，如果用户在按回车键之前输入了不止一个字符，其他字符会保留在键盘缓存区中，等待后续 getchar 调用读取。也就是说，后续的 getchar 调用不会等待用户按键，而直接读取缓冲区中的字符，直到缓冲区中的字符读完为后，才等待用户按键。

（1）getchar 只能接收单个字符，且得到的字符可以赋值给一个字符变量或整型变量。

【例 6-5】 阅读下面的程序，了解单个字符输出函数。

```
#include<stdio.h>

int main(){
    char c;

    c = getchar();      // 将用户输入的单个字符赋值给变量 c
    putchar(c);         // 输出字符变量 c 的值
    return 0;
}
```

在运行时，如果从键盘输入字符 a 并按回车键，就会在屏幕上看到输出的字符 'a'。

a　　（输入 'a' 后，按回车键，字符和回车符依次送到缓冲区中，将第一个字符赋值给 c）

a　　（输出变量 c 的值 'a'）

【例 6-6】 阅读下面的程序，了解单个字符输出函数。

```
#include<stdio.h>

int main(){
    char c1, c2, c3;

    c1 = getchar();     // 将用户输入的单个字符赋值给变量 c1
    c2 = getchar();     // 将用户输入的单个字符赋值给变量 c2
    c3 = getchar();     // 将用户输入的单个字符赋值给变量 c3

    putchar(c1);        // 输出字符变量 c1 的值
    putchar(c2);        // 输出字符变量 c2 的值
    putchar(c3);        // 输出字符变量 c3 的值

    return 0;
}
```

运行结果：

a　　（输入 a 后按回车键，字符和回车符依次送到缓冲区中，将 a 赋值给 c1，回车符赋值给 c2）

a　　（再次输入 a 后按回车键，字符和回车符依次送到缓冲区中，将 a 赋值给 c3）

a　　（输出 c1 和 c2 的值，分别是 a 和回车符）

a　　（输出 c3 的值 a）

思考： 如果将例 6-6 的代码做如下更改，当再次进行输入的时候需要输入多少次？输入完成后字符变量 c1，c2，c3 分别保存了哪些字符？

```
c1 = getchar();
getchar();
c2 = getchar();
getchar();
c3 = getchar();
getchar();
```

（2）getchar 也可以把接收的字符不赋给任何变量，作为表达式的一部分。

【例 6-7】 阅读下面的程序，了解单个字符输出函数。

```
#include<stdio.h>

int main(){
    putchar(getchar());        // 输出接收到的单个字符
    return 0;

}
```

a   （输入 a 后按回车键，字符和回车符依次送到缓冲区中）
a   （输出缓冲区中的第一个字符 a）

6.4　场景模拟实现

场景一： 编写程序，要求在屏幕上输出由星号（*）组成的菱形图案。

场景分析：

（1）先分析出一个完整的菱形图案需要多少行，每一行有多少个星号（*）。

（2）利用 printf 函数完成输出功能，输出过程中需要额外注意空格、换行。

代码实现：

```
#include<stdio.h>

int main()
{
  printf("  *\n");
  printf(" ***\n");
  printf("*****\n");
  printf(" ***\n");
  printf("  *\n");

  return 0;
}
```

运行结果：

```
    *
   ***
  *****
   ***
    *
```

场景二： 模拟登录某网站行为，要求用户输入用户名和密码，登录后网站显示欢迎信息。假设用户名为大写字母 M，密码为 123。

场景分析：

（1）用户名为单个字符，因此通过定义一个字符类型变量保存该数值。

（2）密码为整型，因此通过定义一个整型变量保存该数值。

（3）用户通过外部设备进行输入，因此使用 scanf 函数。

（4）网站显示欢迎信息，即将数值输出在显示器上，因此使用 printf 函数。

代码实现：

```c
#include<stdio.h>

int main()
{
    char username;
    int password;

    printf("请输入用户名: ");
    scanf("%c",&username);
    printf("请输入密码:");
    scanf("%d",&password);
    printf("欢迎%c用户登录!\n",username);

    return 0;
}
```

运行结果：

请输入用户名：M　　　（提示语后输入 M，回车）

请输入密码：123　　　（提示语后输入 123，回车）

欢迎 M 用户登录！

场景三： 模拟用户在某系统注册个人信息，现在要求输入用户名，要求用户名只能由字母组成，且用户名长度为 5 且用户需依次输入用户名每个字母。输入完成后系统再次显示用户名进行确认。

场景分析：

（1）用户名只能由字母组成，因此用户名用 char 类型变量接收。

（2）考虑到 char 类型变量只能接收单个字符，而用户名长度为 5，因此要五个 char 类型变量。

（3）考虑需要输入五次字符类型数值，而程序运行时每次输入都将回车符也进行接收，因此需要在每一次输入字符型数值时，在额外利用 getchar 函数接收回车符。

代码实现：

```
#include<stdio.h>

int main()
{
    char c1,c2,c3,c4,c5;
    printf("请依次输入您的用户名字母：\n");
    c1=getchar();
    getchar();
    c2=getchar();
    getchar();
    c3=getchar();
    getchar();
    c4=getchar();
    getchar();
    c5=getchar();
    getchar();
    printf("请确认您的用户名是否为：%c%c%c%c%c\n",c1,c2,c3,c4,c5);

    return 0;
}
```

运行结果：

请依次输入您的用户名字母：

L   （输入 L，回车）

U   （输入 U，回车）

C   （输入 C，回车）

K   （输入 K，回车）

Y   （输入 Y，回车）

请确认您的用户名是否为：LUCKY

6.5　本　章　小　结

本章主要针对 C 语言中的输入输出函数进行简单的介绍和描述，重点讲解了格式化输入输出函数 printf 与 scanf，以及字符输入与输出函数 getchar 与 putchar。通过掌握各类输入和输出方法，实现输入输出功能，为后期学习更难的知识点打下基础。

关键点概括如下。

1. 格式化输入与输出函数

用 printf 函数通过格式字符可以完成许多复杂格式的文本输出。用 scanf 函数接收变量的值时，要注意输入时的方式与类型必须完全一致对应，否则会使变量的取值不正确。

2．单个字符输入与输出函数

用 getchar 函数可以从缓存区中依次获取单个字符，并且空格、换行等特殊字符也会接收，因此当输入多个单字符时需要额外注意。用 putchar 函数可以输出单个字符，使用该函数时需要将输出的字符作为参数放在小括号内。

3．输入输出功能是通过调用系统函数完成的

不同函数具有不同语法结构和用法，需要读者不停地编写程序、上机调试、运行，才能更好地掌握每一种函数的使用。这样，既能够帮助读者进一步了解和掌握基本语法规则，也能够大幅度提升读者的程序编写能力。

6.6　本章习题

1．若有说明 int x = 1234；，请写出各 printf 语句的输出结果。

（1）printf(" %d\n",x);

（2）printf(" %5d\n",x);

（3）printf(" %−5d\n",x);

（4）printf(" %d\n",(x/2));

（5）printf(" %d\n",x++);

2．请写出下列 printf 语句的输出结果。

（1）printf(" %d\t%d\n",10,20);

（2）printf(" %d\t%d\n",'A','a');

（3）printf(" %c\t%c\n",66,98);

（4）printf(" %c\t%c\n",(130/2),(49*2));

（5）printf(" %3.2fn",1234.4321);

3．要求定义一个整型变量 age 模拟现实生活中的年龄，并通过 scanf 函数给该变量进行赋值，赋值后输出 age 的值。请写出程序。

4．要求定义一个单精度浮点型变量 height 模拟现实生活中的身高，并通过 scanf 函数给该变量进行赋值，赋值后输出 height 的值。请写出程序。

5．要求定义一个双精度浮点型变量 pi 模拟数学符号"π"，并通过 scanf 函数给该变量进行赋值，数值为 3.1415926，赋值后输出 pi 的值，要求保留两位有效小数。请写出程序。

6．要求定义一个字符型变量 sex 模拟现实生活中的性别，其中 M 表示男性，F 表示女性。通过 getchar() 函数给该变量进行赋值，赋值后通过 putchar() 函数输出 sex 的值。请写出程序。

7．要求定义 4 个字符型变量 a，b，c，d，并完成通过调用输入函数实现变量赋值，并分别输出变量 a，b，c，d 的值。

（1）通过编写四个 scanf() 函数，实现四个字符型变量赋值。

（2）通过编写一个 scanf() 函数，实现四个字符型变量赋值。

（3）通过编写多个 getchar() 函数，实现四个字符型变量赋值。

第7章 函数思维——生活中的"模块"

在前面的章节中，我们掌握了最简单的 C 语言程序的执行，知道了程序的执行都是从 main 函数开始，了解了 printf 和 scanf 两个库函数的使用，并掌握了它们的语法规则。那么，在 C 语言编程中，函数是一种什么样的思维模式呢？

在本章中，我们将进一步探讨 C 语言编程中的函数思维。

7.1　初见函数：搭积木

在我们的成长过程中，搭积木是一个不可或缺的游戏。搭积木的游戏操作简单，可以培养儿童的创造力与自主性。此游戏并不像儿童在玩其他的玩具时，需要有成人的协助与陪伴，此外无需规则，也不用电池。因此，即便是随性地搭，也可以轻松地给予孩子一个完全不受干扰的即兴创作空间，能逐渐发展出儿童主动计划、创造、组织和游戏的能力。

如图 7-1 所示，儿童想要搭积木时，可以随时开始，不需要具备某种条件，重点在儿童体验搭积木的过程，儿童可以让自己的梦想具体成形在他们的作品上。

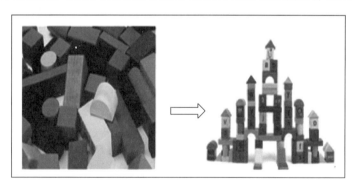

图 7-1　搭积木演示图

如果把搭积木的游戏看成是一个过程，该过程除了积木，无须额外的投入，也没有固定形式的结果，可以把这个过程看成一个模块化的工作，这个过程在 C 语言中如何表达出来呢？这样一个模块化的工作在 C 语言编程中，称之为函数。

如图 7-2 所示，可以将每一种形状的积木对应一个独立的函数，这些函数的功能对应每种积木在搭积木过程中所表现出来的功能，它们之间互不影响，每个函数的功能都是独立的。

→ void Rectangle(){}

→ void Cylinder(){}

→ void Tprism(){}

图 7-2　积木与函数的对应关系

通过观察积木与函数的对应关系，可以得到这样的函数具备以下几个特点。

（1）这几个函数的功能是相互独立的，互不影响。

（2）每个函数只要被发明出来就可以无数次使用。

（3）用户可以自己设定每个函数的使用方式。

（4）每个函数是封闭的，没有额外的条件，没有产生的结果。

7.2　再见函数：投币式洗衣机

投币式洗衣机是洗衣机中的一种，经常用于学校、社区、宾馆、单身公寓、群租房等场所，方便大家投币使用。使用时向投币箱中放入指定数目的硬币，选择启动按钮之后洗衣机就自动运行，如图 7-3 所示。

例如，学校宿舍的两元投币洗衣机，学生需要洗衣时，需投入两个一元硬币，洗衣机开始自动运行，直至洗衣过程结束，洗衣机停止运行。那么，在 C 语言中模拟投币式洗衣机的操作，该如何实现呢？操作流程是怎样的呢？

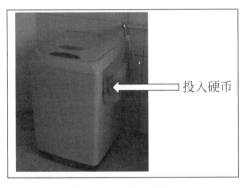

图 7-3　投币式洗衣机

投币式洗衣机也是我们生活中常见的情形，需要洗衣服的时候就投入硬币启动洗衣机自动开始洗衣服。在 C 语言中，也可以用代码模拟投币式洗衣机的洗衣过程，该过程的功能是投入硬币后自动开始洗衣服，故而也可以利用函数来实现。

如图 7-4 所示，每个洗衣机的洗衣服的过程都可以看成一个独立的函数，有投币入口，但是没有出口。

通过观察投币式洗衣机，可以得到该模拟函数的以下几个特点。

（1）每个洗衣服的过程都是一个独立的函数，功能互不干涉。

（2）洗衣服这个函数必须先投币才能运行，说明该函数如果想被使用，必须先提供一个输入。

虽然投币式洗衣机模块与搭积木模块都可采用 C 语言函数来模拟实现，但两个函数是有区别的，搭积木模块不需要额外的投入，而投币式洗衣机需要投入正确数量的硬币，洗衣机才会启动。这在 C 语言中是两种不同的函数。

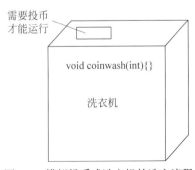

需要投币才能运行

void coinwash(int){}

洗衣机

图 7-4　模拟投币式洗衣机的洗衣流程

7.3　又见函数：采蘑菇的小姑娘

如图 7-5 所示，"采蘑菇的小姑娘背着一个大竹筐，清早光着小脚丫走遍树林和山冈，她采的蘑菇最多，多得像那星星数不清，她采的蘑菇最大，大得像那小伞装满筐……"这首儿歌相信大家都会唱，那这首儿歌和 C 语言编程有什么关系呢？如果用 C 语言编程来模拟实现采蘑菇的过程，又该是怎样的呢？

如图 7-6 是 C 语言编程中模拟实现采蘑菇过程的流程，每个人采蘑菇的过程是独立的，互相之间不影响，而且该模拟函数不需要有输入，但会有一个结果呈现，即采到的蘑菇。

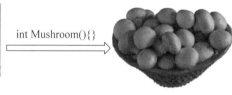

图 7-5　采蘑菇的小姑娘　　　　　图 7-6　采蘑菇过程演示图

由图我们可以得到该模拟函数的几个特点。

（1）函数的过程是独立的。

（2）该模拟函数没有额外的投入开销，但函数结束后会得到一个结果输出。

其实，在 C 语言中，也可以将采蘑菇的过程模拟为一个功能模块，即用函数来模拟实现这样一个过程。但采蘑菇的过程不需要像投币洗衣机那样，需要有投入才能运行，但采蘑菇不需要有额外的投入即可启动，而且结果是采到了又大又多的蘑菇，这个模块结束之后会有一个运行结果，即为"无中生有"。这与搭积木、投币式洗衣机的过程不同，在 C 语言中又是另一种函数形式。

7.4　四见函数：简易计算器

计算器是我们生活中常用的工具，在手机或者计算机上都有计算器软件，可以进行简单的加减乘除运算。以计算器为例，来分析一下计算器的工作流程。

我们在使用计算器计算时，通过键盘输入一些数据还有操作符（加、减、乘、除），然后计算器开始进行相应的处理，计算器处理完这些数据后会返回一个数据，将结果呈现在屏幕上，也就是输出一个数据。

那么在 C 语言中，要模拟实现一个简易计算器，该如何实现呢？模拟流程如图 7-7 所示（这里仅模拟整数的加、减、乘、除运算）。

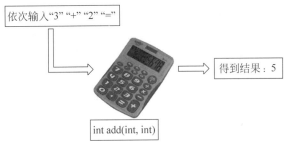

图 7-7 简易计算器的模拟流程

简易计算器的每一次计算过程都可以模拟为一个函数，则加、减、乘、除运算与模拟函数的对应关系如图 7-8 所示。

加法 $\Longrightarrow$ int add(int, int)

减法 $\Longrightarrow$ int subtract(int, int)

乘法 $\Longrightarrow$ int multiple(int, int)

除法 $\Longrightarrow$ int devide(int, int)

图 7-8 加、减、乘、除运算与函数的对应关系

这些函数的一次执行就对应一次代数计算，每次计算之间互不影响，对于这些模拟函数，可以得到以下几个特点。

（1）这些模拟函数都是独立的，它们的执行互不影响。

（2）这些模拟函数需要有运算数和运算符的输入，执行完毕后，会给出一个运算结果。

简易计算器可以进行简单的加、减、乘、除运算，其计算过程也相当于一个功能模块，在 C 语言中也可利用函数来实现其计算过程，但是此模块需要有运算数和运算符的输入，经过计算之后，给出一个计算结果。

7.5 函数思维

以上四个案例给出了四个不同类型的过程模块。

（1）搭积木游戏不需要有类似于硬币、电池等额外的投入，也不会有某种固定格式的结果输出，即为没有付出，亦没有回报。

（2）投币式洗衣机需要投入对应数量的硬币，洗衣服的过程才会启动，可认为是有投入但却没有回报。

（3）采蘑菇的过程不需要有额外投入，结果可以得到又大又多的蘑菇，即为"无中生有"。

（4）简易计算器需要有运算数和运算符的输入，计算器会给出一个计算结果，即为"一分耕耘，一分收获"。

这些案例分别对应 C 语言中的四种不同类型的函数。C 语言中函数就相当于一个功能模块，一段具有特定功能的代码组合在一起就构成了函数。这里所说的输入和输出分别对应函数中的参数和返回值，故可以得到以下几点。

（1）搭积木案例对应的函数形式为无参数，返回值为空。

（2）投币式洗衣机案例对应的函数形式为有参数，返回值为空。

（3）采蘑菇的小姑娘案例对应的函数形式为无参数，返回值不为空。

（4）简易计算器案例对应的函数形式为有参数，返回值不为空。

如何将上述思维模拟通过 C 语言实现呢？详细内容，见第 8 章介绍。

7.6 本章小结

本章结合生活中的案例，介绍了 C 语言中的函数思维。首先通过生活中大家熟悉的搭积木的游戏，引出了函数的概念，让大家对于函数有了初步认识，可以认为函数是具有某个处理功能的模块；然后通过投币式洗衣机的案例，与搭积木不同的是，投币式洗衣机需要有正确数量的硬币的投入，洗衣机才开始运行；接着引入了采蘑菇的案例，与搭积木和投币式洗衣机不同的是，采蘑菇不需要有一个固定模式的开始，但会有产出，即采到的又大又多的蘑菇；最后给出了简易计算器的案例，需要有数据和运算符的输入，简易计算器才开始运行，然后给出一个计算结果。

以上四个案例给出了四个不同类型的过程模块，分别对应 C 语言中的四种不同类型的函数。C 语言中函数就相当于一个功能模块，一段具有特定功能的代码组合在一起就构成了函数。

7.7 本章习题

1. 大家进入校园学习之前需要缴纳一定数量的学杂费，然后才能开始美好的校园生活，这个过程是否可以作为一个函数来描述？如果不可以，请说明原因；如果可以，这个函数类似于本章中的哪个案例？

2. 期中考试结束了，任课老师需要比对各个学习小组的平均成绩，检查大家对《计算思维导论——C 语言》的学习情况，计算平均成绩的过程是否可以作为一个函数来描述？如果不可以，请说明原因；如果可以，这个函数类似于本章中的哪个案例？

3. 请举出生活中其他一些可以作为函数处理的案例。

第 8 章 函数实现——程序中的"模块"

在第 7 章中,我们了解了 C 语言编程中函数的思维模式,通俗地说,函数是具有一定功能的程序语句的有序组合。那么,在 C 语言编程中,函数该如何实现呢?

在本章中,我们将进一步探讨 C 语言编程中的函数的声明与实现、函数的参数及函数的返回值。

8.1 函数的声明与实现

8.1.1 函数的声明与实现:搭积木

在第 7 章已经知道搭积木的游戏可以看成一个模块化的工作,那么每一个积木都是一个独立的模块,假设给其中一个模块取一个名字 buildBlock,那么在 C 语言编程中,我们如何让计算机知道这个模块的存在呢?

向计算机系统报告函数模块的存在是通过函数的声明来实现的,而函数的定义是函数的功能的具体实现,即通过代码具体定义函数的功能。

在搭积木案例中,我们了解到每一个积木是无参数无返回值的(注意:此处严格表述应该是返回值为空,但鉴于大家刚开始学习本章,因此暂时可以理解为无返回值)。

无参数无返回值的函数的声明格式如下:

```
void 函数名 ();
```

因此,搭积木函数的声明就可以表示为:

```
void buildBlock();
```

其中 void 表示函数的返回值类型,这里搭积木函数无返回值,所以函数的返回值为空。当然,根据函数的返回值不同,函数返回值的类型还可以是 int、char、float 等常用类型。

有了 buildBlock 函数的声明,计算机知道了这个函数的存在,那么搭积木的过程是怎样的呢?该如何表示呢?这就是函数的定义。

无参数无返回值的函数的实现格式如下:

```
void 函数名 (){×××}
```

对比函数的声明,函数的实现是将声明后的分号换成一对大括号,然后在括号内完成函数的逻辑功能 ×××。函数实现中的逻辑功能代码,后续会讲解。

搭积木函数的定义就可以表示为：

```
void buildBlock(){
    printf(" 我是一个独立的积木 ");
}
```

8.1.2 函数的调用

有了函数的声明与定义，计算机就知道了这个函数的存在以及这个函数的功能作用，那么该如何启动这个函数呢？这就是函数的调用。

无参数无返回值的函数的调用格式如下：

```
函数名 ();
```

在 8.1.1 节中，我们对函数 buildBlock 进行了定义，则 buildBlock 的调用语句为：

```
buildBlock();
```

函数要成功被调用，必须先进行声明，即要让计算机知道该函数的存在，至于函数的定义可以在函数调用之后进行定义，也可在函数声明的同时进行定义，如图 8-1 所示。

(a) 函数先声明后定义　　(b) 函数声明时定义

图 8-1　函数的声明与定义

buildBlock 函数的声明与调用也有如下两种方式：

```
先声明后定义：                          声明时定义：
...                                    void buildBlock() // 声明时定义
void buildBlock(); // 函数声明          {
...                                     printf(" 我是一个独立的积木。");
int main()                             }
{                                      ...
 ...                                   int main()
 buildBlock();                         {
 ...                                    ...
return 0;                               buildBlock();
}                                       ...
void buildBlock() // 函数定义            return 0;
{                                      }
 printf(" 我是一个独立的积木。");
}
```

两种方式的输出结果均为：

我是一个独立的积木。

C 语言的函数调用遵循先定义，后调用的原则。如果对某函数的调用出现在该函数的定义之前，必须用说明语句对函数进行声明。习惯上把调用者称为主调函数，把被调用者称为被调函数。在搭积木的模块中，搭积木的过程被封装成函数，由 main 函数调用，那么调用者 main 函数称为主调函数，被调用者 buildBlock 函数称为被调函数。

8.2 函数的参数：投币式洗衣机

通过第 7 章的学习，我们知道投币式洗衣机模块与搭积木模块的区别是需要投入硬币，该模块才会启动，那么投币洗衣机模块又该如何声明与实现呢？

首先，我们给投币洗衣机模块取一个名字 coinwash，按照上一节的讲解，该模块的声明如下：

```
void coinwash();
```

投入硬币怎么表示呢？这里我们引入函数的参数，在 C 语言中，当一个函数需要接收外界传递的数据时，通过参数来实现。

8.2.1 函数的参数

投币式洗衣机中投入硬币可以用函数参数来实现，如图 8-2 所示。需投入正确数量的硬币洗衣机才会启动，即表示只有输入正确的参数值，函数才会被正确调用。

对于有参函数的声明，如图 8-3 所示。

图 8-2 函数的参数　　　　图 8-3 有参函数的声明

函数名后面的括号里的 int 型变量 a 就是函数的参数，表示硬币的数量。

在 8.1 节的搭积木函数模块的声明和实现中，函数名 buildBlock 后面的括号也就是参数列表始终为空，表示没有参数，这种不带参数的函数就称为无参函数。

图 8-4 是函数传值的具体过程，首先在 main 函数内定义整型变量 a 并且赋值，然后通过调用语句将 a 的值传递给 coinwash 函数，coinwash 函数通过参数 a 接收传递过来的值，这样完成值传递的过程。

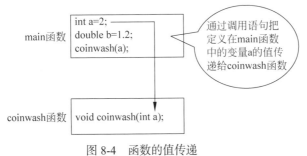

图 8-4 函数的值传递

main 函数内一共有两个变量 a、b，通过调用语句 coinwash(a) 成功地将 a 的值传给 coinwash 函数，这时 coinwash 函数只接收 a 的值，并没有接收 main 函数中变量 b 的值，如果想要把两个值都传给 coinwash 函数，如何进行传递呢？

投币式洗衣机案例中只需传递 int 类型变量 a 的值，因此 coinwash 函数只有一个整型参数，现在需要接收一个 int 类型变量的值之外还要接收一个 double 类型的值，因此参数表需要做对应的修改，如图 8-5 所示。

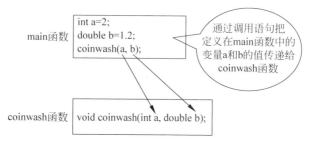

图 8-5　两个参数的函数声明

coinwash 函数的声明如下：

```
void coinwash(int a,double b);
```

此处的 a 和 b 是用于接收由主函数传递过来的参数的变量，称为形式参数，简称形参。
coinwash 函数的调用语句如下：

```
coinwash(a,b);
```

其中 a、b 是主函数 main 调用子函数 coinwash 时传递的参数，被称为实际参数，简称实参。

注意： 形参与实参必须保持顺序、类型、数量三者一致，否则无法实现函数的调用。
洗衣机运行的完整过程用代码表述，如下所示。

```
#include<stdio.h>              // 头文件
int coinwash(int a,double b);  // 声明函数
int main()
{
  int a = 5;                   // 数据 a
  double b = 1.2;              // 数据 b
  // 将数据 a 和 b 传递给 coinwash 函数
  coinwash(a,b);
  return 0;
}
// 实现函数
void coinwash(int a,double b) {
  // 自动洗衣服的过程
}
```

声明一个有参函数必须要指明形参的类型，参数的本质是个变量，用于存储数据，相当于一个容器，大家都知道容器的标签非常重要，容器的标签表明容器内装的是什么，形参的参数类型就像是容器上的标签，是告诉主函数接收的数据的类型。

8.2.2　深入函数参数

关于函数的参数，我们需要知道一些注意事项。

（1）定义函数时参数的类型、数量、顺序必须与函数声明时的参数列表形式严格一致，但参数名可以不相同（声明函数和定义函数时都需要指明参数类型）。

若函数的声明如下：

```
void maxNum(float a, int b);
```

则以下函数的定义中哪些是正确的？哪些是错误的？如果错误，找出错误原因。

```
① void maxNum(char a, int b);              // 错误
② void maxNum(float a, int b, int c);      // 错误
③ void maxNum(int b, float a);             // 错误
④ void maxNum(float a, int b);             // 正确
⑤ void maxNum(float b, int a);             // 正确
```

调用一个有参函数时，实参的数据类型、数量、顺序也必须与函数声明时的形参严格一致，否则会发生"类型不匹配"的错误。实参可以是常量、变量或者表达式，但它们必须有确定的值，在调用时将实参的值赋给形参。

（2）关于函数的形参和实参，有几点值得额外注意。

① 在未出现函数调用时，函数定义中指定的形参并不占用内存中的存储单元。只有在发生函数调用时，形参才被分配到内存单元。在调用结束后，形参所占用的内存单元也被释放。因此，形参只在函数内部有效，函数调用结束不能再使用该形参变量。

② 实参可以是常量、变量或者表达式，但要求它们必须有确定的值，在调用时将实参的值赋给形参。

③ 在被定义的函数中，必须指定形参的类型。

④ 形参和实参在数量、类型、顺序上应该严格一致。

⑤ C 语言规定，实参变量对形参变量的数据传递是"值传递"，即单向传递，只由实参传给形参，而不能由形参传回给实参。在函数调用时，给形参分配存储单元并将实参对应的值传递给形参（实际上是对实参的复制），调用结束后，形参单元被释放，实参单元保留并维持原值。因此，在执行一个被调用函数时，形参的值如果发生改变，并不会改变主调函数实参的值。

8.3　函数的返回值：采蘑菇的小姑娘

8.3.1　返回值的引入

采蘑菇的过程类似于 C 语言中的函数模块，采蘑菇的过程不像投币洗衣机那样，需要有投入才能运行，但采蘑菇的结果是采到了又大又多的蘑菇，这个模块结束之后会有一个运行结果。这个过程与 8.1 节和 8.2 节中的内容又有了区别，这个过程又该如何实现呢？

将采蘑菇的过程定义为mushroom函数，那么采到的又大又多的蘑菇该如何表示呢？这就要引入函数的返回值，表示函数被调用执行后返回的结果，如图8-6所示。

图 8-6　函数的结果输出

8.3.2　函数的返回值

返回值是指函数被调用之后，执行函数体中的程序段所取得的值，可以用return语句返回，如下所示。

```
int mushroom();          //mushroom 函数的声明
int main()
{
  int num;
  num=mushroom();        // 函数 mushroom() 返回值 a 赋值给 num
  return 0;
}
int mushroom() {         //mushroom  函数的定义
  int a;                 // 表示采到的蘑菇数量
  // 采蘑菇的过程
  a=10;
  return a;
}
```

在上例中，第1行语句中的int表示函数的返回值类型。mushroom函数的定义中的第10行语句return a，表示函数mushroom ()返回一个int类型的值a。

在main函数里我们定义了一个变量num来接收mushroom函数的返回值a，请大家在main函数里输出num的值，看看是不是直接收了mushroom里的返回值。

关于函数的返回值，我们需要注意以下几点。

（1）当函数的返回值类型不为void时，必须要返回一个与之对应的值（可以试试把return语句删除），否则程序会报错。当函数被调用时，该函数就会把返回值传递给主函数。

（2）定义函数时，返回值的类型必须与函数声明时返回值的类型一致。

（3）注意，函数返回什么类型的数据，在main函数中就要用什么类型的变量去接收（把变量num的类型改成char类型试试）。

（4）一个函数可以有多个return语句，但当程序遇到第一个return语句后，就会直接返回结果，结束函数。

（5）一个函数只能返回一个数值，不能出现类似"return a,b；"这样的语句。

8.4　简易计算器实现

简易计算器可以进行简单的加、减、乘、除运算，计算过程也相当于一个过程模块，但是此模块需要有运算数和运算符的输入，然后给出一个计算结果。

如果把简易计算器看成一个函数模块，取一个名字为 calculate，则该函数涉及函数的参数及函数的返回值，如图 8-7 所示。

图 8-7　函数的参数及返回值

现在已经了解了函数的声明与定义、函数的参数及函数的返回值，那么简易计算器用 C 语言该如何实现呢？

简易计算器 v1.0 的代码实现如下所示：

```
#include<stdio.h>
float calculate(float num1, float num2, char ope);  // 计算器函数的声明
float add(float num1, float num2);                    // 加法函数的声明
float subtract(float num1, float num2);               // 减法函数的声明
float multiply(float num1, float num2);               // 乘法函数的声明
float divide(float num1, float num2);                 // 除法函数的声明

int main() {
  float num1, num2, result=0.0;
  char ope;
  printf("***** 欢迎使用计算器 *****\n");

  // (1) 用户输入操作数 1、操作数 2、操作符 +
  printf(" 请输入操作数 1：\n");
  scanf("%f", &num1);
  printf(" 请输入操作符：（温馨提示：只能输入 +、-、*、/）\n");
  getchar();
  scanf("%c", &ope);                                  // 假设输入的是 + 号
  printf(" 请输入操作数 2：\n");
  scanf("%f", &num2);

  // (2) 将输入数据传给 calculate 函数并执行步骤 5；(3) 接收计算结果
  result = calculate(num1, num2, ope);

  // (4) 将计算结果呈现给用户
  printf("%f %c %f=%f\n", num1, ope, num2, result);

  printf("----- 计算器使用结束 -----\n");
  return 0;
}
```

```
// 计算器函数的实现；（5）执行 calculate 函数，返回运算结果
float calculate(float num1, float num2, char ope) {
    float result = 0.0;
    // 计算 num1+num2 的值
    result = add(num1,num2);
    return result;
}

// 加法函数的定义
float add(float num1, float num2) {
    return num1 + num2;
}

// 减法函数的定义
float subtract(float num1, float num2) {
    return num1 - num2;
}

// 乘法函数的定义
float multiply(float num1, float num2) {
    return num1 * num2;
}

// 除法函数的定义
float divide(float num1, float num2) {
    return num1 / num2;
}
```

该程序的运行结果如图 8-8 所示。

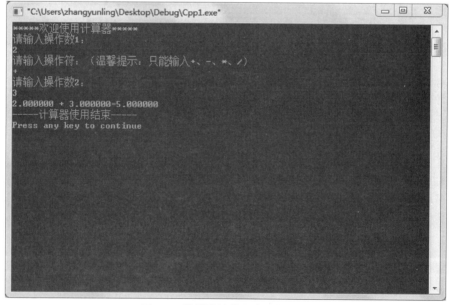

图 8-8　简易计算器程序运行结果

8.5　本 章 小 结

函数是非常重要的内容，也是计算思维最好的体现，如何将问题抽象，并模块化解决，就是函数主要的实现目的，也是计算思维中最重要的核心部分。本章通过对函数的声明实现、函数调用、函数参数以及返回值的讲解。实现通过编写函数模拟和解决现实生活中的实际问题，充分体会和感受计算思维对日常生活的各类行为的合理抽象和模拟。

关键点概括如下。

（1）结合搭积木的案例，给出无参函数的声明与实现格式。

无参数函数的声明：

```
void 函数名 ();
```

无参数函数的实现如下：

```
void 函数名 ()
{
    函数体
}
```

（2）结合投币式洗衣机的案例，介绍了函数参数。有参函数的声明如下：

```
void 函数名 ( 数据类型 参数 1,[ 数据类型 参数 2],…);
```

有参数函数的声明中，参数要有明确的数据类型，参数可以有 1 个，也可以有多个，只要在函数名后面的 () 中列出即可，参数没有顺序要求。这里的参数为形参。

函数进行了声明和实现后，便可调用该函数，函数调用的格式为：

```
函数名 ( 参数 1,[ 参数 2],…);
```

这里的参数称为实际参数，简称实参。实参与形参务必保持个数、数据类型以及顺序完全一致。

（3）结合采蘑菇的小姑娘的案例，介绍了函数返回值，有返回值的函数声明如下：

```
数据类型 函数名 ( 数据类型 参数 1,[ 数据类型 参数 2],…);
```

当函数的返回类型不为空时，需要在函数体内有且至少有 1 个 return 语句，且返回的数据类型与声明的数据类型必须一致。当函数体中有多个 return 语句时，程序在遇到的第一个 return 语句时直接返回结果，结束函数。

8.6　本 章 习 题

1. 要求从键盘上输入两个整数 a 和 b，求 a^b，然后输出结果。若将该过程用一个函数实现，试写出函数的声明。

2．函数 func 有两个参数，一个为整型变量 a，一个为字符型变量 c，该函数无返回值，请写出该函数的声明。

3．有函数声明如下：

```
int sum(int a,int b);
```

请给出一个函数调用的例子。

4．要求从键盘输入一个整数 n，然后求 1 到 n 之和，即 1+2+3+…+n，写出该函数的声明。

5．要求从键盘输入 3 个整数，然后计算这 3 个整数的平均值，写出该函数的声明及定义，并在 main 函数中写一个函数调用语句，调用该函数。

6．要求从键盘输入一个 0~100 的整数作为分数，若分数＜60，则输出"不及格"，否则输出"及格"，写出该函数的声明及定义，并在 main 函数中写一个函数调用语句，调用该函数。

第9章　分支结构——做人生正确的选择

不是所有事情都是按顺序执行的，有时我们会有选择地做一些事情，也就是某些事情可能在某些情况下是不会做的，这时就需要借助分支逻辑了。

分支结构适用于需要通过条件判断决定执行语句的场合。在我们的大脑中，经过逻辑运算、检查，结果形成一个逻辑值——"是"或者"否"，在计算机当中即"真"或者"假"，最后根据逻辑判断的结果将决定执行哪一种操作。

如图9-1所示，在日常生活中，经常有这样的场景存在，例如：

如果明天天气晴朗，我们就去郊游；

如果这次考试考得好，我就去吃顿大餐；

如果你在家，我就去找你玩……

图 9-1　现实中的指路牌

其实，上述的场景时，我们的大脑中就是执行了分支判断。

下面开始正式学习分支结构，让我们使用流程控制语句模拟生活中的一些场景！

故事背景：期末考试快到了，大一新生阿勇很发愁，因为"计算思维导论"这门课程上课时学得比较吃力，所以担心期末考试会不及格……

9.1　单分支语句

场景一：他把自己的担忧告诉了爸爸，爸爸为了激励阿勇能够好好复习，于是对阿勇说，如果这次考试能够及格，就给阿勇买一双球鞋，为了新球鞋，阿勇决定好好努力，他立刻投入到紧张的复习当中。

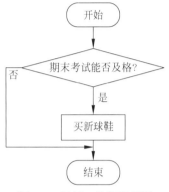

图 9-2　场景一分析流程图

问题一：如何将上面这个过程用流程图的方式表达出来呢？

流程图：如图 9-2 所示。

问题二：如何将流程图中的逻辑用程序代码表示？

分析：假设阿勇期末考试的"计算思维导论"成绩用变量 score 表示，那么 score>=60 表示阿勇考试成绩及格，这样阿勇就可以获得新球鞋，即

（1）有条件：期末考试及格（score>=60）。

（2）只考虑一种情况。

综上所述：使用分支语句当中的单分支。

语法：

```
if(条件A)
{
    当满足条件A（即A为 非零 时）执行的代码；
}
```

（1）if 表示如果，即一个判断的开始。

（2）if 中的条件 A 只有非零和零两种可能，因为判断语句中，if 只识别真或假，即非零或零（又可用 1 或 0 表示），而不识别其他结果。

代码示例：

```
#include<stdio.h>
int main()
{
    int score;
    scanf("%d", &score);
    if(score>=60)
    {
        printf("买新球鞋！");
    }
    return 0;
}
```

9.2　双分支语句

场景二：阿勇爸爸觉得为了给阿勇施加一点压力，于是对阿勇说，如果这次考试不及格，寒假的每一天都得帮妈妈洗碗……

问题一：如何将这个过程用流程图表示出来？

流程图：如图 9-3 所示。

问题二：如何将流程图中的逻辑用程序代码表示呢？

分析：假设阿勇期末考试的"计算思维导论"成绩用变量 score 表示，那么 score>=60 表示阿勇考试可以及格，这样阿勇就可以获得新球鞋；否则整个寒假就得帮妈妈洗碗。

显然，这次的条件还是一个，即"计算思维导论"的期末成绩，但阿勇考虑了两种情况，即

（1）只有一个条件（score>=60）；

（2）考虑两种情况。

综上所述：使用分支语句当中的双分支。

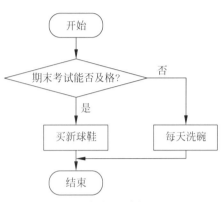

图 9-3　场景二分析流程图

语法：

```
if(条件A)
{
    当满足条件A（即A为非零时）执行的代码；
}
else
{
    当不满足条件A（即A为零时）执行的代码；
}
```

（1）else 表示否则，即条件 A 为零。

（2）如果要使用 else 关键字，必须要有与之对应的 if 关键字，且 if 在前 else 在后。

代码示例：

```
#include<stdio.h>
int main()
{
    int score;
    scanf("%d", &score);
    if(score>=60)
    {
        printf(" 买新球鞋！ ");
    }
    else
    {
        printf(" 每天洗碗！ ");
```

```
    }
    return 0;
}
```

课堂练习一：

在爸爸的激励和压力下，阿勇决定每天去上自习，可是今天早上突然开始下大雨，阿勇决定如果晚上雨停了就去图书馆上自习，否则就待在宿舍看书。

问题一：如何将阿勇思索的过程用流程图表示出来？

问题二：如何将流程图中的逻辑用程序代码表示？

流程图：

代码：

9.3　多分支语句

场景三：经过认真的复习，阿勇对这次"计算思维导论"期末考试能够及格已经成竹在胸，觉得能够及格应该不成问题，于是，他开始得寸进尺地向爸爸提条件：如果这次考试不仅及格而且能够取得 90 分以上的好成绩，希望爸爸给自己买一台笔记本计算机，以便更好地学习 C 语言。

问题一：如何将阿勇要求的过程用流程图表示出来？

流程图：如图 9-4 所示。

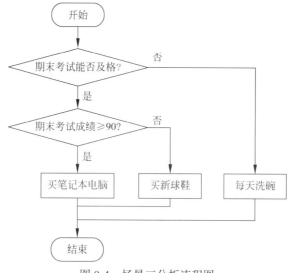

图 9-4　场景三分析流程图

问题二：如何将流程图中的逻辑用程序代码表示？

分析：假设阿勇的期末成绩使用变量 score 表示，那么：

（1）score<60 表示阿勇期末成绩不及格，整个寒假得帮妈妈洗碗。

（2）60≤score<90 表示阿勇期末成绩及格，但未达到优秀，可以买一双新球鞋。

（3）score≥90 表示阿勇期末考试考得非常好，可以买笔记本计算机。

特点：

（1）有多个条件。

（2）考虑了多种情况。

综上所述： 使用分支语句当中的多分支。

语法： 多分支判断语句时，顺序是自顶向下判断的。例如，判断条件 2 时，必须是先判断条件 1，如果条件 1 为零，按照顺序，再判断条件 2，如果条件 1 为非零，则直接运行条件 1 下的代码，运行结束后，则直接跳出判断部分，不再执行条件 2 的判断。

```
if( 条件 1)
{
    条件 1 为非零时执行的代码；
}
else if( 条件 2)
{
    条件 1 为零, 但条件 2 为非零时执行的代码；
}
else if( 条件 3)
{
    条件 1 和条件 2 均为零, 但条件 3 为非零时执行的代码；
}
…
else
{
    上述条件 1、2、3……均为零的情况下所执行的代码；
}
```

代码示例：

```
#include<stdio.h>
int main()
{
    int score;
    scanf(%d,&score);
    if(score<60)
    {
        printf(" 每天洗碗！ ");
    }
    else if(score<90)
    {
        printf(" 买新球鞋！ ");
    }
    else
    {
        printf(" 买笔记本计算机！ ");
    }
```

```
        return 0;
    }
```

思考： 上述代码中条件 1 的判断语句 (score<60) 和条件 2 的判断语句 (score<90) 可以互换吗？

课堂练习二：通过 if 多分支语句实现下述场景的模拟。

场景：这下阿勇感到压力和动力并存，因此阿勇决定制定一个完备的复习计划。

周一：看课堂 PPT。

周二：复习课后习题。

周三：看教材中的重要知识点。

周四：写代码。

周五：将不懂的问题汇总后请教老师。

试编程实现阿勇的活动安排。

9.4 利用 switch 语句实现多分支语句

引用课堂练习二的场景，当使用 if 语句进行判断时，会发现代码很烦琐，因此，引入一个新的判断方式：switch 分支。

首先了解一下 switch…case 语句。

```
switch(表达式)
{
  case 常量表达式 1:
      语句 1;      /* 可以是多行，可以加括号，也可以不加，到下一个 case 之前，都是本
                      case 的语句范围 */
      [break;]
  case 常量表达式 2:
      语句 2;
      [break;]
  …
  case 常量表达式 n:
      语句 n;
      [break;]
  [default:]
      语句 n+1;
      [break;]
}
```

说明： break 表示退出；case 后面只能跟一个值（加冒号"："），而不能是一个表达式；default 语句可以出现在任何位置，但建议放到最后，表示除去 case 匹配之外的其他情况，也可以没有 default 语句。

case 标签必须是常量表达式，只能针对基本数据类型使用 switch，这些类型包括 int、char 等。对于其他类型，则必须使用 if 语句。case 标签必须是唯一性的表达式，也就是说，不允许两个 case 具有相同的值。如果两个 case 语句间没有 break，则执行完匹配的 case 语句后，会顺序执行下面的语句，直到遇到 break 语句或 switch 结束，连续的

两个 case 语句表示两个 case 是同一种情况。

通过对 switch 分支的介绍，我们对 6.3 的程序进行改写。

分析： 使用 day 表示星期几。

day==1：看课堂 PPT；

day==2：复习课后习题；

day==3：看教材中的重要知识点；

day==4：写代码；

day==5：将不懂的问题汇总请教老师。

特点：

（1）属于分支结构。

（2）等值比较。

综上所述： C 语言中对于等值比较的分支结构使用 switch…case 结构。

语法：

```
switch(表达式)
{
  case 常量表达式 1:
  满足常量表达式 1 时执行的语句；
  case 常量表达式 2:
  满足常量表达式 2 时执行的语句；
  …
  default:
  所有常量表达式均不满足时执行的语句；
}
```

代码示例：

```
#include<stdio.h>
int main()
{
    int day;
    scanf("%d",&day);
    switch(day)
    {
    case 1:
        printf("看课堂 PPT");
        break;
    case 2:
        printf("复习课后习题 ");
        break;
    case 3:
        printf("看教材中的重要知识点 ");
        break;
    case 4:
        printf("写代码 ");
        break;
    case 5:
```

```
        printf(" 将不懂的问题汇总请教老师 ");
        break;
    default:
        printf(" 日期有误！ ");
    }
    return 0;
}
```

break 不要忘记，由于 switch…case 结构中的语句是贯穿的，因此，如果不加 break 将会在运行完当前行的时候，继续判断下一行的语句。例如：

```
case 1: printf("1");
case 2: printf("2");
break;
…
```

由于 case 1 中没有 break，假设现在 case 1 条件成立，则会输出 1，输出后程序不会离开 switch 语句，而是继续执行 case 2，因此就会出现不必要的耗时。

扩展：当然，我们也可以灵活利用 switch…case 语句贯穿的特点，例如，如果阿勇决定周一到周五所做的都是同一件事，我们也可以将程序改为：

```
#include<stdio.h>
int main()
{
    int day;
    scanf("%d",&day);
    switch(day)
    {
        case 1:
        case 2:
        case 3:
        case 4:
        case 5:
            printf(" 复习"计算思维导论"！ ");
            break;
        default:
            printf(" 日期有误！ ");
    }
    return 0;
}
```

9.5 程 序 范 例

【**例 9-1**】 键盘输入整数 a，若 a 为偶数，输出：a 是偶数。

分析：本题是判断一个数是否为偶数，则需要在 if 语句中写上一个判断 a 是否为偶数的表达式，可以采用一个模运算，如果 a%2==0，则 printf（"%d 是偶数 ",a）。

```
#include<stdio.h>
void fun(int a) {
    if(a%2==0){
        printf("%d 是偶数 ",a);
    }
}
int main() {
    int a;
    scanf("%d",&a);
    fun(a);
    return 0;
}
```

【例 9-2】 输入一个学生的成绩，若大于或等于 60 分时，输出：passed；否则输出：failed。

分析：if 语句中判断分数是否大于或等于 60，printf 语句中写上 passed；else 是分数小于 60 的，printf 语句中写上 failed。

```
#include<stdio.h>
void judge(int a) {
    if(a>=60){
        printf("passed");
    }else{
        printf("failed");
    }
}
int main() {
    int a;
    scanf("%d",&a);
    judge(a);
    return 0;
}
```

【例 9-3】 某银行根据用户持卡年限的不同，把用户划分成普通用户、金牌用户、银牌用户和钻石用户，根据不同的用户级别向持卡用户发放的红包金额如下：普通用户，刷卡金额 100 元；银牌用户，刷卡金额 500 元；金牌用户，刷卡金额 1000 元；钻石用户，刷卡金额 2000 元。为简单起见，我们用 1 表示普通用户，2 表示银牌用户，3 表示金牌用户，4 表示钻石用户，使用 grade 来表示级别。例如，模拟普通用户："grade==1，printf(" 刷卡金额 100 元 ");"，根据分析使用 switch…case 分支模拟这个场景。

分析：本题考查的是 switch(){} 语句。首先，switch 的 () 中应该填写的是需要在 case 语句中进行判断的数据或者是变量，本题是 "grade;"。其次，需要在 switch 语句的 {} 内部完善 case 语句，如 case 1: 表示的是 grade == 1。下面就应该进行相应的语句执行了，本题是输出语句，输出的内容是 "刷卡金额 100 元"，执行完毕后不要忘记加上 break 语句。

以此类推：

```
case 2: printf(" 刷卡金额 500 元 ");
break;
```

```
case 3: printf("刷卡金额1000元");
break;
case 4: printf("刷卡金额2000元");
break;
```

代码如下:

```
#include<stdio.h>
void fun(int grade){
    switch(grade)
    {
    case 1:
        printf("刷卡金额100元");
        break;
    case 2:
        printf("刷卡金额500元");
        break;
    case 3:
        printf("刷卡金额1000元");
        break;
    case 4:
        printf("刷卡金额2000元");
        break;
    default:
        printf("输入有误");
    }
}
int main(){
  int grade;
  scanf("%d",&grade);
  fun(grade);
  return 0;
}
```

9.6 本 章 小 结

本章主要讲解控制语句，让学生从概念上理解如何将实际生活中的事例转化成编程语言，并通过计算机实现；从功能上讲授一些基础的选择结构语法等。通过本章学习能够熟练掌握和使用 if 语句模拟单分支、双分支和多分支场景，掌握 switch 语句的语法实现多分支，并能正确区分 if 多分支语句和 switch 多分支语句的区别。

关键点概括如下。

1. 单分支语句

```
if (条件A)
{
  当满足条件A（即A为非零时）执行的代码；
}
```

2. 双分支语句

```
if（条件A)
{
   当满足条件A（即A为非零时）执行的代码；
}
else
{
   当不满足条件A（即A为零时）执行的代码；
}
```

3. 多分支语句

```
if（条件1)
{
    条件1为非零时执行的代码；
}
else if（条件2)
{
    条件1为零，但条件2为非零时执行的代码；
}
else if（条件3)
{
    条件1和条件2均为零，但条件3为非零时执行的代码；
}
…
else
{
    上述条件1、2、3……均为零的情况下所执行的代码；
}
```

4. switch 语句

```
switch（表达式）
{
case 常量表达式1：
    语句1；       /*可以是多行，可以加括号，也可以不加，到下一个case之前，都是本
case 的语句范围 */
    [break;]
    case 常量表达式2：
    语句2；
    [break;]
    …
    case 常量表达式n：
    语句n；
    [break;]
    [default:]
```

```
    语句 n+1;
    [break;]
}
```

9.7 本 章 习 题

1. 输入任意一个非零整数，判断这个数是正整数还是负整数。

2. 输入任意一个正整数，判断这个数是否是一个奇数。

3. 输入任意一个字符，判断该字符并完成字符转换，如果是大写字母，输出其对应的小写形式，如果是小写字母，输出其对应的大写形式，如果都不是则输出感叹号"！"。

4. 分段函数 f(x) 的定义如下所示，要求输入任意一个数 x，求输出对应的 f(x) 值。

$$f(x)=\begin{cases} x & x<1 \\ x-10 & 1\leqslant x<100 \\ x/2+5 & x\geqslant100 \end{cases}$$

5. 编写一个 int getDay(int m) 函数，输入任意一个月份 m，返回该月有多少天（假设该年份一定是非闰年）。

6. 编写一个 void getYear(int y) 函数，输入任意一个年份 y，判断该年份是闰年还是平年。如果是闰年则输出"闰年"，否则输出"平年"。

7. 输入任意 4 个整数，输出这 4 个数当中的最大数和最小数。

8. 编写一个 void judgeTime(double time) 函数，要求完成一个日程安排软件。通过输入任意一个时间 time，判断出该时间的所属活动，并给出活动内容：其中 23~6 点为"睡觉"；7~11 点为"学习"；12~18 点为"锻炼"；19~22 点为"自习"；输入其他时间数字则输出"时间错误"。

第 10 章　循环结构——漫漫十年还贷路

用程序解决实际问题中，经常会出现具有规律性的重复操作，这就需要重复执行某些语句来实现，这种重复的行为可以通过某种循环逻辑代码来处理。C 语言中提供了 3 种循环结构语句，分别是 for 循环语句、while 循环语句、do…while 循环语句。每一种循环语句结构都有其各自的语法特征和适合场景。

10.1　while 语句

场景一：毕业后的阿勇工作越来越好，也遇到了自己的人生伴侣——小美，经过多番考虑，他终于决定向小美求婚。小美犹豫了下说——"我今年 22 岁，结婚早了点，我希望 25 岁以后再结婚。"阿勇决定尊重小美的决定，等到小美 25 岁时再次求婚。

问题一：如何将阿勇思索的过程用流程图表示出来？

流程图：如图 10-1 所示。

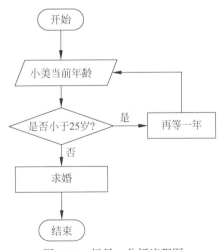

图 10-1　场景一分析流程图

问题二：如何将流程图中的逻辑用程序代码表示？

分析：使用 age 表示小美的年龄，初始值为 22，表示小美当前的年龄，然后每一年小美的年龄都会加 1，直到小美 25 岁时就可以再次求婚了。

特点：

（1）年龄增长是一个循环的过程。

（2）循环要有退出条件。

（3）先判断后执行。

综上所述，对于这种情况，可以使用 while 循环语句来描述。

while 循环的基本形式为：

```
while ( 循环条件 A) {
    循环体，即循环条件 A 为非零时要执行的代码 ;
}
```

执行逻辑：当循环条件 A 为非零时，执行循环体；执行完再次判断循环条件 A，如果仍然为非零，则继续执行循环体；以此类推，直至某次循环条件 A 为零（即假），则结束整个 while 循环。

例如，假设现在需要在屏幕上输出 10 遍"Hello World"，如果不用循环结构的话，就得在程序中写 10 行重复的"printf("Hello World\n")"，在编码的过程中显得非常复杂，但如果使用 while 循环语句，整个过程就变得非常简单了。

```
#include<stdio.h>
int main()
{
    int i=0;        // 编程小技巧，通过设置 i 变量来控制循环的次数
    while(i<10)     //i<10 配合上循环体中的 i++，即将 i 控制在 0 ～ 9，即 10 次循环
    {
        printf("Hello World\n");
        i++;        // 如果没有 i++，那 i 就一直是 0，则 0<10 一直成立，就会"死循环"
    }
    return 0;
}
```

分析：在上面程序中，我们首先初始化一个变量 i=0，然后判断 i 是不是小于 10，如果小于 10，就执行语句"printf("Hello World\n"); i++;"，否则执行跳出循环，这样，直到 i==10 的时候，便跳出循环，通过这个过程，屏幕中成功显示出 10 行"Hello World"。

了解 while 语句这个控制循环次数的技巧后，回到上述场景。判断条件是小美的年龄是否达到 25 岁，即 age<25 是否成立。如果小美年龄不足 25 岁，就要继续等待，如果达到 25 岁，阿勇就可以求婚了。

可以设置一个变量 age，将它的区间设置在 [22，25)，即 22 开始，25 结束。用 while 语句来描述这个问题的源程序代码如下：

```
#include<stdio.h>
int main()
{
    int age=22;   // 用于表示小美的年龄
```

```
while(age<25)
{
    printf(" 小美当前的年龄是：%d,",age);
    printf(" 小美还没满 25 岁, 还是再等等吧。\n");
    age++;                // 小美的年龄逐年加 1
}
printf(" 小美终于满 25 岁了, 可以求婚了！\n");
return 0;
}
```

程序的运行结果为：

小美当前的年龄是：22, 小美还没满 25 岁, 还是再等等吧。

小美当前的年龄是：23, 小美还没满 25 岁, 还是再等等吧。

小美当前的年龄是：24, 小美还没满 25 岁, 还是再等等吧。

小美终于满 25 岁了, 可以求婚了！

【例 10-1】　编写程序, 用 while 语句实现 1+2+3+…+100 的和。

分析：

（1）准备 100 个数, 分别是 1, 2, 3, …, 100。

（2）获取数字后分析求和的规律, 首先一定有一个变量用于存放最后的和, 假设我们设置它为 sum, 因为是求和, 所以 sum 从 0 开始。

（3）下面我们开始分析求和的规律：

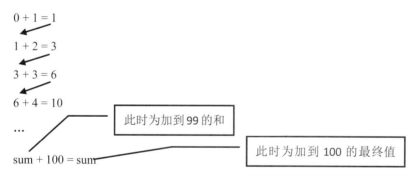

```
#include<stdio.h>
int main()
{
    int i,sum;          //i 为循环变量,sum 存放前 i 项的和
    i=1;
    sum=0;
    while(i<=100)
    {
        sum=sum+i;
        i++;
    }
    printf("1+2+3+…+100=%d\n",sum);
    return 0;
}
```

程序运行结果为：

1+2+3+…+100=5050

10.2　do…while 语句

场景二：还有 3 年就可以和小美结婚了，虽然小美没有提，但是阿勇考虑到婚后的生活，还是打算攒钱买一套房。于是阿勇开始规划自己的买房之路：首先工作几年存款 20 万，每月除去各种开支，剩余 5000 元，而在心仪的小区买房首付为 45 万，阿勇多久后可以买房？

问题一：如何将阿勇思索的过程用流程图表示出来？

流程图：如图 10-2 所示。

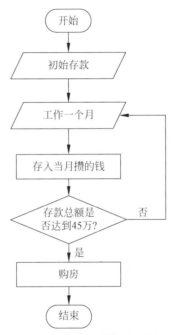

图 10-2　场景二分析流程图

问题二：如何将流程图中的逻辑用程序代码表示？

分析：使用 total 表示阿勇的存款总额，salary 表示阿勇每个月攒下来的工资，month 表示阿勇需要攒钱的月数。

特点：

（1）存款增长是一个循环的过程。

（2）循环要有退出条件。

（3）先加存款数额再判断（即先执行后判断）。

对于这种情况，可使用 do…while 循环来描述。

do…while 语法的基本形式为：

```
do {
    需要执行的代码体 x;
} while( 条件 A);
```

执行逻辑：do…while 语句为先执行、后判断语句，即无论条件 A 是否为非零，先执行 do 中的代码体 X，执行后再判断 while 中的条件 A 是否为非零，如果为非零，则再次执行 do 中的代码体 X，如果为零，则结束循环语句。

我们同样通过 do…while 语句来实现屏幕显示 10 遍"Hello World"，代码如下：

```
#include<stdio.h>
int main()
{
    int i=0;
    do
    {
        printf("Hello World\n");
        i++;
    }
    while(i<10);
    return 0;
}
```

我们用 do…while 语句来描述阿勇还贷的问题的源程序，代码如下：

```
#include<stdio.h>
#define SALARY 0.5
// 表示阿勇每个月攒下来的工资，由于该数额不变，设置为常量
int main()
{
    float total=20;      // 表示阿勇的存款总额，以万元为单位
    int month=0;         // 表示阿勇需要攒钱的月数
    do{
        month++;          // 工作月数每月累加
        total+=SALARY;   // 将当月攒下了的钱数加到存款总额里
    }while(total<45);

    printf(" 一共攒了 %d 个月，累计总存款 %.2f 万元。\n",month,total);
    printf(" 终于可以买房了！\n");
    return 0;
}
```

该程序的运行结果如下：

```
一共攒了 50 个月，累计总存款 45.00 万元。
终于可以买房了！
```

【例 10-2】 编写程序，从键盘上输入一个正整数 n，用 do…while 循环实现 n！。

分析：在这个问题里面，n！=n×(n−1)×(n−2)×…×2×1，在计算阶乘时，可以从 1！开始计算，2！=2×1！，3！=3×2！，以此类推，直到 n！。因此，首先要定义一个循环变量 i，一个变量 sn 存放 n！的结果值。根据对程序的分析，源程序代码如下：

```
#include<stdio.h>
int main()
{
    int i=1,n;           //i 为循环变量，取值范围为 [1,n]
    int sn=1;            //sn 存放前 i!，初始值为 1
```

```
    printf("输入一个正整数：");
    scanf("%d",&n);
    do
    {
      sn=sn*i;
      i++;
    }while(i<=n);
    printf("n!=%d\n",sn);
    return 0;
}
```

程序运行结果为：

```
输入一个正整数：6
n!=720
```

while 和 do…while 的区别如下。

在 do…while 循环里面，由于是先执行的循环语句，再判断条件，所以 do…while 循环的循环语句至少会被执行一次。do…while 循环语句的特征不同于 while 循环语句，因为 while 循环语句都是先执行判断条件，条件为真才执行循环体语句，所以存在判断条件一开始便为"假"的情况，循环语句一次都得不到执行。

while：先判断，再执行。循环语句有可能一次都不执行。

do…while：先执行，再判断。循环语句至少执行一次。

10.3　for 语句

for 语句也是一种循环语句，大部分情况下，while 循环和 for 循环可以互换使用，下面就使用 for 循环来实现阿勇买房的攒钱过程。

for 循环的基本形式如下：

```
for（表达式 1；表达式 2；表达式 3）{
    循环体；
}
```

for 循环语句的参数的作用如下。

表达式 1：循环变量的初始化（初始值）。

表达式 2：循环条件（终止值）。

表达式 3：循环变量的变化。

for 语句的执行逻辑如下：

（1）计算表达式 1。

（2）计算表达式 2，如果表达式 2 条件成立，即循环条件成立，就执行一次循环体。

（3）计算表达式 3，为下一次判断循环条件是否成立做准备，到此完成一次循环。

（4）第一次循环结束以后，每次都是从计算表达式 2 开始，进入下一次循环，直到表达式 2 不成立时结束循环。

我们同样通过 for 循环来实现屏幕显示 10 遍"Hello World"，代码如下：

```
#include<stdio.h>
int main()
{
    int i;
    for(i=0;i<10;i++)
    {
        printf("Hello World\n");
    }
    return 0;
}
```

用 for 循环语句来描述阿勇攒钱还贷，代码如下：

```
#include<stdio.h>
#define SALARY 0.5
// 表示阿勇每个月攒下来的工资，由于该数额不变，设置为常量
int main()
{
    float total=20;                     // 表示阿勇的存款总额，以万为单位
    int month;                          // 表示阿勇需要攒钱的月数

    for(month=1;total<45;month++)   // 工作月数每月累加
    {
        total+=SALARY;                  // 将当月攒下了的钱数加到存款总额里
        printf(" 一共攒了 %d 个月，累计总存款 %.2f 万元。\n",month,total);
    }
    printf(" 终于可以买房了！\n");
    return 0;
}
```

代码示例：

程序的运行结果如下：

一共攒了 1 个月，累计总存款 20.50 万元。
一共攒了 2 个月，累计总存款 21.00 万元。
……
一共攒了 50 个月，累计总存款 45.00 万元。
终于可以买房了！

思考：试分析为什么 do…while 语句中 month 初始值为 0，而 for 语句中 month 的初始值为 1？

【例 10-3】 输出 100 ~ 200 不能被 3 整除的整数并统计这些整数的个数，要求每行输出 8 个数。

分析：在这个问题里面，我们要定义一个循环变量 i，初始值为 100，循环到 200 结束。对于每一个值，要判断其能否被 3 整除，就对其进行 3 的取余运算，把结果不为 0 的进行输出，同时计数器 count 自增 1。

```
#include<stdio.h>
int main()
```

```
{
    int i;                        //i 为循环变量，取值范围为 [100,200]
    int count=0;                  //count 存放个数，初始值为 0
    for(i=100;i<=200;i++)
    {
        if(i%3!=0)
        {
            count++;
            printf("%d\t",i);
            if(count%8==0){        // 判断是否需要换行
                printf("\n");
            }
        }
    }
    printf("\n100～200 不能被 3 整除的有 %d 个 \n",count);
    return 0;
}
```

程序的运行结果为：

100	101	103	104	106	107	109	110
112	113	115	116	118	119	121	122
124	125	127	128	130	131	133	134
136	137	139	140	142	143	145	146
148	149	151	152	154	155	157	158
160	161	163	164	166	167	169	170
172	173	175	176	178	179	181	182
184	185	187	188	190	191	193	194
196	197	199	200				

100～200 不能被 3 整除的有 68 个

while 循环与 for 循环的区别如下。

while 循环：一般用于条件限制的判断，即在不知道具体的循环次数，而仅仅知道循环条件的情况下使用。

for 循环：一般用于次数循环，即在明确地知道循环次数的情况下使用，但 for 循环也可用于条件限制的循环。

while 与 for 都是先判断后执行语句。

10.4　break 语句与 continue 语句

10.4.1　break 语句

当 break 语句常用于 do…while、for、while 循环语句中，可使程序终止循环，继续执行循环后面的语句，通常 break 语句总是与 if 语句一起使用，即满足条件时便跳出循环。

场景三： 阿勇在攒钱买房的过程中，并没有放弃对小美的求婚。他决定：从小美 25 岁开始，每年的七夕都要向小美求一次婚，直至小美答应为止。终于在第 4 年小美答应求婚了。

问题一： 如何将阿勇求婚的过程用流程图表示出来？

流程图： 如图 10-3 所示。

问题二： 如何将流程图中的逻辑用程序代码表示？

分析： 使用 year 表示求婚的年数，但不知道小美哪一年会答应。

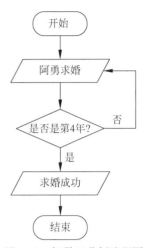

特点：

（1）求婚是一个重复循环的过程。

（2）循环的次数不确定。

（3）循环的退出条件为 "year == 4;"。

综上所述： 对于这种情况，循环中需要使用 break 关键字，break 语句一般用于循环语句当中，表示直接终止当前循环，执行循环后面的操作。

用 C 语言描述这个问题的源程序代码如下：

图 10-3　场景三分析流程图

```
#include<stdio.h>
int main()
{
    int year=1;//year 表示求婚的年数

    // 由于不知道哪一年成功，所以判断条件应该永远为非零
    while(!0)
    {
      printf(" 第 %d 年向小美求婚！\n",year);
        if(year==4)
        {
            printf(" 小美答应了！\n");
            break;
        }
        printf("\t 小美没答应，明年继续。\n");
        year++;
    }
    return 0;
}
```

程序的运行结果为：

第 1 年向小美求婚！
　　　　小美没答应，明年继续。
第 2 年向小美求婚！
　　　　小美没答应，明年继续。
第 3 年向小美求婚！
　　　　小美没答应，明年继续。
第 4 年向小美求婚！
小美答应了！

【例 10-4】 输出 100~200 的第一个能被 9 整除的数。

分析：循环遍历 100~200 中的每一个数据，判断该数据能否被 9 整除，把这个数据用 9 做取余运算，如果能够整除，则输出该数据，并结束循环。根据对程序的分析，源程序代码如下：

```c
#include<stdio.h>
int main()
{
    // 以变量 i 为循环数据
    int i;
    for(i=100;i<=200;i++)
    {
        // 找到被 9 整除的数，则输出该数据，并结束循环
        if(i%9 == 0)
        {
            printf("200～300 中第一个被 9 整除的数是：%d",i);
            break;
        }
    }
    return 0;
}
```

程序的运行结果如下：

100～200 中第一个能被 9 整除的数是：108

10.4.2　continue 语句

continue 语句的作用是跳过循环体中剩余的语句转向执行下一次循环。continue 语句只用在 for、while、do…while 等循环体中，常与 if 条件语句一起使用，用来加速循环。

场景四：阿勇在求婚的过程中，因为工作原因，第 2 年七夕节的时候正好在外地出差，因此没有向小美求婚，不过从第 3 年开始又继续他的求婚大业，小美终于在第 4 年答应求婚。

问题一：如何将阿勇求婚的过程用流程图表示出来？

流程图：如图 10-4 所示。

问题二：如何将流程图中的逻辑用程序代码表示？

分析：使用 year 表示求婚的年数，第 2 年没有求婚，后面的年数继续，直到第 4 年求婚成功。

特点：

（1）求婚是一个重复循环的过程。

（2）循环的次数不确定。

（3）第 2 年跳过当前循环，但后面仍继

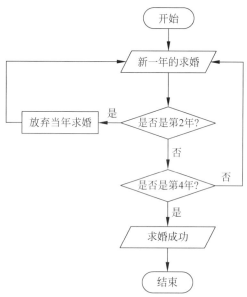

图 10-4　场景四分析流程图

续新的循环。

（4）第4年跳出全部循环，不再执行循环部分。

综上所述：对于这种情况，需要使用continue关键字，continue语句一般用于控制语句当中，表示中断当前循环，直接继续下次迭代。

用C语言描述这个问题的源程序代码如下：

```c
#include<stdio.h>
int main()
{
    int year=1;              //year 表示求婚的年数
    // 由于不知道哪一年成功，所以判断条件应该永远为非零
    while(!0)
    {
        if(year==2)          // 先判断是否是第二年
        {
            year++;          // 如果不加这句，程序会进入死循环
            continue;
        }
        printf(" 第 %d 年向小美求婚！ \n",year);
        if(year==4)
        {
            printf(" 小美答应了！ \n");
            break;
        }
        printf("\t 小美没答应，明年继续。\n");
        year++;
    }
    return 0;
}
```

程序的运行结果为：

第1年向小美求婚！
　　　　小美没答应，明年继续。
第3年向小美求婚！
　　　　小美没答应，明年继续。
第4年向小美求婚！
小美答应了！

10.5 双重循环

循环结构的嵌套，指的是在某一种循环结构的语句中包含有另一个循环结构。循环嵌套语句在执行的时候，先执行内层循环，再执行外层循环。

【例10-5】要求使用双重循环输出如下所示的图案，即2行文字，每行2个"*"符号。请大家结合下面的流程图10-5进行分析。

代码输出结果：

**

**

125 ▶▶

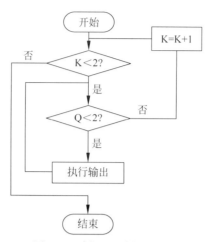

图 10-5　例 10-5 分析流程图

根据上述对问题的分析，源程序代码如下：

```c
#include<stdio.h>
int main()
{
    int k,Q;
    for(k=0;k<2;k++)
    {
        for(Q=0;Q<2;Q++)// 注意，当 for 执行语句只有一行时，可省略其大括号
            printf("*");
        printf("\n");
    }
    return 0;
}
```

【例 10-6】 在屏幕上显示九九乘法表，效果如下所示：

```
1*1=1
1*2=2   2*2=4
1*3=3   2*3=6   3*3=9
1*4=4   2*4=8   3*4=12   4*4=16
1*5=5   2*5=10  3*5=15   4*5=20   5*5=25
1*6=6   2*6=12  3*6=18   4*6=24   5*6=30   6*6=36
1*7=7   2*7=14  3*7=21   4*7=28   5*7=35   6*7=42   7*7=49
1*8=8   2*8=16  3*8=24   4*8=32   5*8=40   6*8=48   7*8=56   8*8=64
1*9=9   2*9=18  3*9=27   4*9=36   5*9=45   6*9=54   7*9=63   8*9=72   9*9=81
```

分析：设置两个变量 i 和 j，i 用来表示乘法算式中的前一个数，j 用来表示后一个数，我们分析乘法表的规律可知，i 的变化范围是 1~9，而 j 的变化范围是 1~i，同时 i 的变化规律和显示的行数完全一致，如图 10-6 所示。

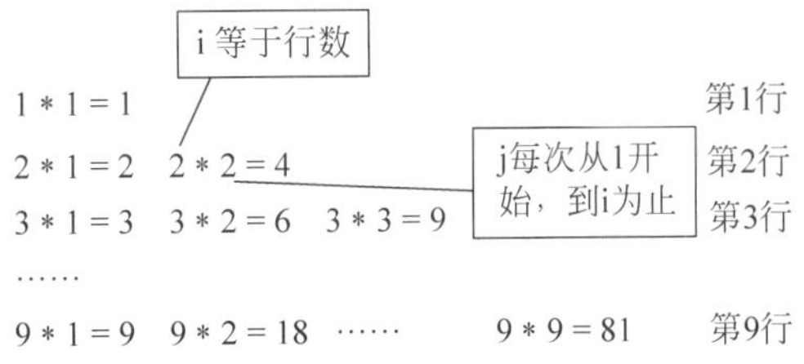

$$1 * 1 = 1 \quad\quad\quad\quad\quad\quad\quad\quad\quad\quad 第1行$$
$$2 * 1 = 2 \quad 2 * 2 = 4 \quad\quad\quad\quad\quad\quad\quad 第2行$$
$$3 * 1 = 3 \quad 3 * 2 = 6 \quad 3 * 3 = 9 \quad\quad\quad 第3行$$
$$……$$
$$9 * 1 = 9 \quad 9 * 2 = 18 \quad …… \quad 9 * 9 = 81 \quad 第9行$$

（i 等于行数）

（j 每次从1开始，到 i 为止）

图 10-6 程序分析图

通过上述分析，源程序代码如下：

```c
#include<stdio.h>
int main()
{
    int i,j;
    for(i=1;i<=9;i++)
    {
        for(j=1;j<=i;j++)
            printf("%d*%d=%d\t",j,i,i*j);
        printf("\n");
    }
    return 0;
}
```

10.6 程序范例

【例 10-7】 输出 1～100 的所有的偶数。

分析：

方法一：首先，将问题简化成每次输出一个数字，直到 100 为止；其次，寻找该数字的变化规律，即每次该数字都加 2，此时需要注意，由于题目需要输出偶数，因此开始数字应该是 2，这样每隔两个数就循环输出一次。

方法二：首先，将问题简化成每次输出一个数字，一直到 100 为止；其次，寻找该数字的变化规律，即每次该数字都是偶数，同时根据练习一可知循环的次数即可用于该数字的判断，所以只需要判断当前循环的次数是否是偶数即可。

方法三：首先，将问题简化成每次输出的一个数字。从 1 开始，一直到 50 为止；其次，寻找数字的变化规律，即任何一个数字乘以 2 都是偶数，所以只需要将 1～50 的所有整数乘以 2，就是 1～100 所有偶数。

根据上述分析，源程序代码如下：

```c
#include<stdio.h>
int main()
{
    //方法一
    int i;
    for(i=2;i<=100;i+=2){
        printf("%d\t",i);
    }
```

```
    printf("\n");
    // 方法二
    for(i=1;i<=100;i++){
      if(i%2==0){
          printf("%d\t ",i);
      }
    }
    // 方法三
    for(i=1;i<=50;i++){
          printf("%d\t",i*2);
    }
    return 0;
}
```

【例 10-8】 从外部输入一个正整数，然后判断该数是否是素数。

分析：

（1）从外部输入数字，假设为 num，然后再设置一个变量 flag，该变量用于标记 num 是否是素数，首先默认为 num 是素数，即 flag 初始值为 1。

（2）让 num 依次被 2 到 num−1 之间的整数除，如果 num 能被 2 到 num−1 之中任何一个整数整除，则提前结束循环，在结束的同时，标识出该数为素数，即将标识符标记为 0；如果 num 不能被 2 到 num−1 之中任何一个整数整除，则正常完成所有循环流程。

（3）最后循环结束后，只需要判断 flag 标识符是 1 还是 0，即可知道 num 是否是素数。

根据上述分析，源程序代码如下：

```
#include<stdio.h>
void fun()
{
    int num,flag,i;                    // 设置需要判断的整数
    printf(" 输入一个整数: ");
    scanf("%d", &num);
    flag=1;                            // 假设 num 是素数
    for(i=2; i<num; i++){              // 如果完成所有循环，那么 m 为素数
        if(num%i==0)
        {
            flag=0;
            break;                     // 条件成立，结束循环
        }
    }
    // 判断 flag 是否被改为 0
    if(flag)
        printf("%d 是素数 ",num);
    else
        printf("%d 不是素数 ",num);
}
int main()
{
    fun();
    return 0;
}
```

程序运行结果为：

输入一个整数：53
53 是素数。

【例 10-9】 输出 200 ～ 300 的所有素数，要求每行输出 8 个素数，并统计出素数的总共个数。

分析：根据例 10-8 我们知道了如何判断一个数是否是素数，那么判断多个数是否为素数只需要循环多次该段程序即可。我们用变量 i 作为外层循环变量，遍历 200 ～ 300 所有的数，变量 j 作为内存循环变量遍历 2 ～（i−1），判断一个数据是否是素数。根据对该程序的分析，源程序代码如下：

```c
#include<stdio.h>
int main()
{
    // 设定一个标识，当数字是 8 的倍数时启动换行输出
    int count_in_line = 0;
    // 循环遍历 200~300 之间的数字
    for(int num=200;num<=300;num++)
    {       int flag,i;
        // 每遍历一次，我们预先使用 flag 标记假设该 num 为素数
        flag = 1;
        // 通过循环，判断 num 是否为素数
        for(i=2;i<num;i++)
        {
            // 如果出现了 1 和本身，有被整除的情况，则 num 为素数
            if(num % i == 0)
            {
                flag = 0;
                break;
            }
        }
        // 输出结果
        if(flag)
        {
            count_in_line++;
            printf("%d\t", num);
            if(count_in_line%8==0)
            {
                printf("\n");
            }
        }
    }
    return 0;
}
```

程序的运行结果为：

```
211     223     227     229     233     239     241     251
257     263     269     271     277     281     283     293
200 ～ 300 的素数的个数有 16 个
```

【例 10-10】 输入两个正整数 m 和 n，求其最大公约数和最小公倍数。

分析：

（1）从外部输入两个正整数，并用两个变量 m 和 n 进行接收。

（2）判断 m 和 n 的大小，保证 m > n，交换方法参考练习 5。

（3）最大公约数：首先定义一个变量 max 用于表示最大公约数，初始值为 n，每循环一次 max 减 1。然后每次循环只需要判断 m 和 n 是否能够同时被 max 整除，如果可以，则结束循环，并输出 max。

（4）最小公倍数：首先定义一个变量 min 用于表示最小公倍数，初始值为 m，每循环一次 min 加 1。然后每次循环只需要判断 min 是否能够同时被 m 和 n 整除，如果可以，则结束循环，并输出 min。

根据上述分析，源程序代码如下：

```c
#include<stdio.h>
int main()
  {
    int m, n;
    printf(" 请输入两个整数：");
    scanf("%d %d", &m, &n);

    // 交换 m 和 n,始终保持 m>n
    if(m<n)
    {
        int temp=m;
        m=n;
        n=temp;
    }
    // 求最大公约数
    int max=n;
    while(!0)
    {
      if(n%max==0&&m%max==0)
      {
        printf("\t 最大公约数是 %d。\n", max);
        break;
      }
      max--;
    }
    // 求最小公倍数
    int min=m;
    while(!0)
    {
      if(min%n==0&&min%m==0)
      {
        printf("\t 最小公倍数是 %d。\n", min);
        break;
      }
      min++;
    }
    return 0;
  }
```

程序的运行结果为：

```
请输入两个整数：15  9
    最大公约数是 3。
    最小公倍数是 45。
```

10.7　本 章 小 结

本章从实际生活中的实例出发，通过讲解循环结构基础的语法，让学生用编程语言去模拟这些场景，并通过计算机实现。循环结构主要分为三种形式，包括 while 语句、do…while 语句以及 for 语句。另外，可以通过 break 语句终止循环，也可以通过 continue 语句终止本次循环。

关键点概括如下。

1．while 循环的基本形式

```
while (循环条件 A) {
    循环体，即循环条件 A 为非零时要执行的代码；
}
```

2．do…while 循环的基本形式

```
do {
    需要执行的代码体 X；
} while (条件 A);
```

3．for 循环的基本形式

```
for (表达式 1；表达式 2；表达式 3) {
    循环体；
}
```

10.8　本 章 习 题

1．输出 1～100 以内所有的奇数。要求分别使用 while 语句、do…while 语句以及 for 语句实现。

2．输出 26 个小写英文字母。要求分别使用 while 语句、do…while 语句以及 for 语句实现。

3．求和：2+4+6+8+…+50。要求分别使用 while 语句、do…while 语句以及 for 语句实现。

4．求和：20/1+19/2+18/3+…+2/19+1/20。

5．编写一个求最大公约数函数 int GreatestCommonDivisor(int m, int n)，要求传入任意两个正整数 m 和 n，返回它们的最大公约数。

6．编写一个求最小公倍数函数 int MinimumCommonMultiple(int m, int n)，要求传入任意两个正整数 m 和 n，返回它们的最小公倍数。

7．编写程序，计算鸡兔同笼问题的正确答案，已知一只鸡有一个头两只脚，一只兔子有一个头四只脚（没有例外），现笼中有 40 个头，100 只脚，求鸡多少只，兔子多少只？

8．编写一个函数 int getSum(int n)，要求传入不大于 10 的参数 n，返回计算结果 y。其中计算公式如下：

$$y = 0! + 1! + 2! + 3! + 4! + \cdots + n! \ (n \leqslant 10)$$

例如参数 n 的值为 5 的话，则返回 y 的值为 154。

9．输入任意一个大于等于 2 的正整数 n，判断该数是否是一个素数（质数），如果是则输出"n 是素数"，否则输出"n 不是素数"。

10．要求输出 2 ～ 100（包括 2 和 100）的所有素数。

11．大家都玩过这样一个游戏，叫逢七必过（1 ～ 100），游戏规则如下：按一定的顺序，从数字 1 开始轮流报数，每逢遇到 7 的倍数，或者含有 7 的数字时，则喊"过"，然后下一个人接着从过的数字之后继续报数，报错者接受惩罚。

第 11 章　数组——熊孩子的成绩单

在前面的章节中，我们已经学会了如何定义变量，例如，定义一个整型的变量，可以用 int a 来表示；定义两个整型的变量，可以用 int a,b 来表示；定义三个整型的变量，可以用 int a,b,c 来表示……可是，如果我们需要定义成千上万个相同类型的变量呢？不仅没有那么多名称供我们去给变量命名，而且逐个定义变量的过程也十分烦琐。数组恰恰能够解决这个问题，它将有限个类型相同的变量的集合进行命名，是一组有序数据的集合，其下标代表数据在数组中的序号。值得注意的是，数组中的每一个元素都属于同一个数据类型。

接下来我们一起来认识神奇的数组。我们依然通过模拟生活中的场景来进入这一章的学习。

故事背景： 阿勇和小美的儿子小明在班上担任小组长一职，期中考试成绩出来了，班主任就让小明来统计小组同学的数学成绩。

11.1　一维数组的定义和引用

11.1.1　一维数组的概念

如果小组有 5 个学生，小明需要获取每个学生的成绩，如何处理？如果用之前所学的知识，需要定义 5 个变量。

```
int stu1_score = 78;
int stu2_score = 68;
int stu3_score = 72;
int stu4_score = 98;
int stu5_score = 76;
```

当然，这样是可以的，可是如果要统计全校 5000 个学生的成绩，是不是要定义5000 个变量，这显然是不可能的。

现实中常见的做法是，将 5 个学生的数学成绩都保存在成绩表中，然后对这张成绩表进行操作。

这些操作在我们的计算机编程中完全可以模拟，在 C 语言中需要在一个变量中存储多个值，解决方法是创建数组。数组是有序数据的集合，数组中的每一个元素都属于同一个数据类型，用一个统一的数组名和不同的下标来唯一地确定数组中的元素，是存储一系列变量值的命名区域。

针对上述的描述过程，通过代码进行模拟：创建一个小组成绩表，该小组成绩表名称为 math_score，该小组成绩是一个数组。于是，我们创建一个数组，数组名为 math_score，数组类型为 int，个数为 5。

```
int math_score[5];
```

下面我们就如何正确地定义一个数组进行讲解。

11.1.2 一维数组的定义

一维数组是数组中最简单的，它的元素只需要用数组名加一个下标就能唯一确定。一维数组的定义方式为：

类型说明符　数组名 [常量表达式]

例如：

```
int a[10];          // 它表示数组名为a，此数组有10个元素
```

说明：

（1）数组名命名规则和变量名相同，遵循标识符命名规则。

（2）数组名后是用中括号括起来的常量表达式，不能用小括号，下面用法不对：

```
int  a(10);          // 错误
```

常量表达式描述的是数组中元素的个数，即数组长度。例如，在 a[10] 中，10 表示 a 数组有 10 个元素，下标从 0 开始（即索引从 0 开始），这 10 个元素是：a[0]，a[1]，a[2]，a[3]，a[4]，a[5]，a[6]，a[7]，a[8]，a[9]，注意不能使用数组元素 a[10]。

如果以学科成绩名作为数组名，那么某个学生的成绩就是数组元素，而学生的序号就是数组的索引，数组中每一个元素都有一个相关的索引，通常也被称为数组的下标，如图 11-1 所示。

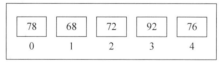

图 11-1　数组下标

注意：数组元素从 0 开始，此外，常量表达式中可以包括常量和符号常量，不能包含变量。也就是说，C 语言不允许对数组的大小作动态定义，即数组的大小不依赖于程序运行过程中变量的值。例如，下面这样定义数组是不行的：

```
int n;
scanf("%d", &n);
int a[n];            // 错误，数组长度不能是变量
```

11.1.3　一维数组的引用和初始化

C 语言规定数组必须先定义后使用，必须逐个引用数组元素而不能一次引用整个数组，数组元素的表示形式为：

数组名 [下标]

注意： 数组下标从 0 开始计数。

下标可以是整型常量或整型表达式。

假设有整型一维数组：

```
int a[10];
a[0];                   // 获取数组 a 中的第 1 个元素（下标为 0）
a[2] = 1;               // 将整数 1 赋值给数组 a 中的第 3 个元素（下标为 2）
/*
将 a 数组第 3 个元素的值 + 第 2 个元素的值 – 第 4 个元素的值算出最终结果，
并赋值给 a 数组的第 1 个元素
*/
a[0] = a[2] + a[1] - a[4-1];
```

数组元素引用的代码实现：

```
#include<stdio.h>
int main()
{
    int a[5];                               // 定义一个数组，其个数为 5
    a[0]=36;                                // 给 a[0] 赋值
    printf("赋值后：a[0]=%d\n", a[0]);       // 输出 a[0] 的值，即 36
    a[1]=a[0]/2;                            // 给 a[1] 赋值
    printf("赋值后：a[1]=%d\n", a[1]);       // 输出 a[1] 的值，即 18
    a[2]=a[0]+a[1];                         // 给 a[2] 赋值
    printf("赋值后：a[2]=%d\n", a[2]);       // 输出 a[2] 的值，即 54
    return 0;
}
```

同样，我们可以对一维数组初始化，即在定义数组时对数组元素赋以初值，例如：

```
int a[10] = {1, 2, 3, 4, 5, 6, 7, 8, 9, 0};
```

将数组元素的初值依次放在一对大括号内，中间以逗号隔开。经过上面的定义和初始化之后，a[0]=1，a[1]=2，a[2]=3，a[3]=4，a[4]=5，a[5]=6，a[6]=7，a[7]=8，a[8]=9，a[9]=0。

当然，在给数组初始化的过程中也可以只给一部分元素赋值，例如：

```
int a[10] = {1, 2, 3, 4, 5};
```

a 数组有 10 个元素，但大括号内只提供 5 个初值，这表示只给前面 5 个元素赋初值，后 5 个元素值默认为 0，即 a[0]=1，a[1]=2，a[2]=3，a[3]=4，a[4]=5，a[5]=0，a[6]=0，a[7]=0，a[8]=0，a[9]=0。

在对全部数组元素赋初值时，也可以不指定数组长度，例如：

```
int a[5] = {1, 2, 3, 4, 5};
```

也可以写成：

```
int a[] = {1, 2, 3, 4, 5};
```

在第二种写法中，大括号中有 5 个数，系统就会据此自动定义 a 数组的长度为 5。但若被定义的数组长度与提供初值的个数不相同，则数组长度不能省略。例如，想定义数组长度为 10，就不能省略数组长度的定义，而必须写成"int a[10] = {1, 2, 3, 4, 5};"，只初始化前 5 个元素，后 5 个元素自动默认为 0。

通过上述对存取学生成绩案例的分析，我们可以定义并初始化一个成绩数组，用于保存该 5 人的成绩，即"int score[5]={78, 68, 72, 98, 76};"，假设班上的学生成绩都储存在数组 score 中了，那么如何得到班级所有学生的成绩呢？得到所有学生的成绩也就是要求遍历数组 score。访问数组元素的方式是"数组名 + 下标"，如 score[0]、score[1]、score[2]、score[3]、score[4]，其中我们发现下标在有规律地变化。因此，可以将下标作为控制变量，使用循环语句输出索引数组的所有值。

输出数组所有值的代码实现：

```
#include<stdio.h>
int main()
{
    int i;
    int math_score[5]= {78, 68, 72, 98, 76};
    for(i=0; i<5; i++)
    {
        printf("%d\n", math_score[i]);        // 依次输出 math_scores 数组的值
    }
    return 0;
}
```

11.2 字符数组的定义和引用

现在我们来认识另外一种数组：字符数组。字符数组就是用来存放字符数据的数组。字符数组中的一个元素存放一个字符。

11.2.1 字符数组的定义与初始化

字符数组定义方法与前面介绍的类似。例如：

```
char c[10];
c[0]='h'; c[1]='e'; c[2]='l'; c[3]='l'; c[4]='o'; c[5]=''; c[6]='b';
c[7]='a';c[8]='b';c[9]='y';
```

定义 c 为字符数组，包含 10 个元素。在赋值以后数组的状态如图 11-2 所示。

c[0]	c[1]	c[2]	c[3]	c[4]	c[5]	c[6]	c[7]	c[8]	c[9]
h	e	l	l	o	空格	b	a	b	y

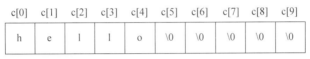

图 11-2　数组定义

对字符数组初始化，最容易理解的方式是逐个将字符赋给数组中各元素，例如：

```
char c[10] = {'h', 'e', 'l', 'l', 'o', ' ', 'b', 'a', 'b', 'y'};
```

即把以上 10 个字符分别赋给 c[0] 至 c[9] 这 10 个元素。

如果大括号中提供的初始值个数(即字符个数)大于长度数组，则按照语法错误处理；如果初始值个数(即字符个数)小于长度数组，则只将这些字符赋给数组中前面那些元素，其余的元素自动定为空字符（即 '\0'），例如：

```
char c[10] = {'h', 'e', 'l', 'l', 'o'};
```

数组状态如图 11-3 所示。

c[0]	c[1]	c[2]	c[3]	c[4]	c[5]	c[6]	c[7]	c[8]	c[9]
h	e	l	l	o	\0	\0	\0	\0	\0

图 11-3　数组状态

如果提供的初值个数与预定的数组长度相同，则在定义时可以省略数组长度，系统会自动根据初值个数确定数组长度，例如：

```
char c[] =  {'h', 'e', 'l', 'l', 'o', ' ', 'b', 'a', 'b', 'y'};
```

数组 c 的长度自动定为 10，用这种方式可以不必人工去数字符个数，尤其在赋初值的字符个数较多时，比较方便。

11.2.2　字符数组的输入输出

同样，我们也可以对字符数组进行输入输出，其输入输出可以有两种方法。

1. 逐个字符输入输出

用格式符 "%c" 输入或输出一个字符，如下面这段代码：

```
#include<stdio.h>
int main()
{
    char c[10];
    for(int i = 0; i < 10; i++)
    {
        scanf("%c",&c[i]);  // 输入 c[i] 的值
        printf("%c", c);    // 输出 c[i] 的值
    }
    return 0;
}
```

2. 将整个字符串一次输入或输出

用 "%s" 格式符，意思是输出字符串（string），如下述代码：

```
#include<stdio.h>
int main()
{
    char c[] = {"China"};          // 此时数组 c 的长度为 6,因为还有结束符号
    printf("%s", c);
    int len = sizeof(c) / sizeof(char);   // 获取数组 c 的长度
    printf("%d", len);
    return 0;
}
```

在内存中数组 c 的状态如图 11-4 所示。输出时遇到结束符 "\0" 就停止输出，输出结果为：China

| C | h | i | n | a | \0 |

图 11-4　数组状态

注意：

（1）数组的实际长度为 6，因为包含一个结束符 '\0'。

（2）输出的字符不包括结束符 '\0'。

（3）用 "%s " 格式符输出字符串时，printf 函数中的输出项是字符数组名，而不是数组元素名。

（4）如果数组长度大于字符串实际长度，输出也遇 '\0' 结束；如果一个字符数组中包含一个以上 '\0'，则遇第一个 '\0' 时输出就结束。

（5）我们可以用 scanf 函数输入一个字符串。例如："char c[6];" "scanf("%s", &c);" 等。

11.2.3　字符串处理函数

1. strcat 函数

函数调用格式：

```
strcat(字符数组 1, 字符数组 2)
```

strcat 是 string catenate（字符串连接）的缩写。其作用是连接两个字符数组中的字符串，把字符中 2 接到字符串 1 的后面，结果放在字符数组 1 中。函数调用后得到一个函数值——字符数组 1 的地址。例如：

```
#include<stdio.h>
#include<string.h>
int main()
{
    char name1[16]={"Hello, "};
    char name2[]={"World"};
    strcat(name1, name2);
    printf("%s", name1);
    return 0;
}
```

输出的结果为：Hello, World

函数连接前后数组在内存中的存储方法如下。

连接前的 name1 如图 11-5 所示。

H	e	l	l	o	,	\0									

图 11-5　连接前 name1

连接前的 name2 如图 11-6 所示。

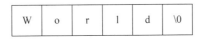

图 11-6　连接前的 name2

连接后的 name1 如图 11-7 所示。

H	e	l	l	o	,	W	o	r	l	d	\0				

图 11-7　连接后的 name1

注意：

（1）字符数组 1 必须足够大，以便容纳连接后的新字符串。

（2）连接前两个字符串的后面都有一个 \0，连接时将字符串 1 后面的 \0 取消，只在新串最后保留一个 \0。

2．strcpy 函数

函数调用格式：

```
strcpy(字符数组1, 字符串2)
```

strcpy 是 string copy（字符串复制）的缩写，它是字符串复制函数。作用是将字符串 2 复制到字符数组 1 中去。例如：

```
#include<stdio.h>
#include<string.h>
int main()
{
    char name1[16]={"Hello,"};
    char name2[]={"World"};
    strcpy(name1, name2);
    printf("%s", name1);
    return 0;
}
```

输出的结果为：World

函数复制后数组在内存中的存储方法如图 11-8 所示。

W	o	r	l	d	\0										

图 11-8　复制后的 name1

注意：

（1）字符数组 1 必须足够大，以便容纳被复制的字符串。

（2）"字符数组 1"必须写成数组名形式，"字符串 2"可以是字符数组名，也可以是一个字符串常量。

（3）复制时连同字符串后面的 \0 一起复制到字符数组 1 中。

（4）不能用赋值语句将一个字符串常量或字符数组直接赋给一个字符数组。

（5）可以用 strcpy 函数将字符串 2 中前面若干个字符复制到字符数组 1 中去。

3. strcmp 函数

函数调用格式：

```
strcmp(字符串 1, 字符串 2)
```

strcmp 是 string compare（字符串比较）的缩写。作用是比较字符串 1 和字符串 2，字符串比较的规则与其他语言中的规则相同，即对两个字符串自左至右逐个字符相比（按 ASCII 码值大小比较），直到出现不同的字符或遇到 \0 为止。例如：

```
#include<stdio.h>
#include<string.h>
int main()
{
    char name1[]={"abc"};
    char name2[]={"ABC"};
    printf("%d", strcmp(name1, name2));
    return 0;
}
```

输出的结果为：1

注意：

（1）两个字符串的比较结果由函数值带回。

（2）如果字符串 1 == 字符串 2，函数值为 0。

（3）如果字符串 1 > 字符串 2，函数值为一正整数。

（4）如果字符串 1 < 字符串 2，函数值为一负整数。

4. strlen 函数

函数调用格式：

```
strlen(字符数组)
```

strlen 是 string length（字符串长度）的缩写。它是测试字符串长度的函数，函数的值为字符串中的实际长度，不包括 \0 在内。例如：

```
#include<stdio.h>
#include<string.h>
int main()
{
    char name[10]={"Hello"};
    printf("%d", strlen(name));
```

```
        return 0;
}
```

输出的结果为：5

注意：

（1）输出结果不是 10，也不是 6，而是 5。

（2）可以直接测字符串常量的长度，如 strlen("Hello")；。

（3）如果使用之前我们所学过的 sizeof 函数，sizeof(name) / sizeof(char)；这也是求长度的一种，只不过它是通过内存所存放的字节数来计算的，所以数组占多少内存，它就显示多少长度，则输出的结果是：10。

11.3　数组与函数

每次考试过后，班主任总会计算班级的平均分，来评测本班级的总体水平，学习过数组，解决这件事很容易，只需要把班级同学的成绩存到数组里，然后求和，再计算平均分。

可是现实总是残酷的，校长要求班主任统计每个班级的平均分。这个时候要怎么完成任务呢？假设全校有 50 个班级，每个班级的成绩和人数也不尽相同，你打算写 50 遍 for 循环，然后再分别计算平均分吗？这当然不符合学 C 语言的初衷，重复的事情当然就要交给函数做。

大家都知道 main 函数是程序唯一的对内对外的接口，而函数的参数则是数据传递的入口，我们只需要把学生的成绩和人数传递给函数，然后调用专门用来计算平均分的函数，再把结果返回。

在本章的开始介绍了班级学生的成绩应当用数组来保存，因此需要将数组传递给用于计算平均分功能的函数。数组实际上也是变量，因此数组也可以作为实参和形参（传递数组也可以用指针变量，后面会学到）。具体怎么传递参数呢？我们继续往下看。

下面就是如何用数组名作函数的参数，请大家对照下面的代码学习。由代码可知，scores 为形参数组名，形参需要写出数组完整的格式，这点很重要。调试代码，看看 calculate 函数是否正确计算了平均分。

注意： 用数组名作为函数参数时，则要求形参和相对应的实参类型必须相同。当形参和实参两者不一致时，会发生错误。

大家可以通过修改下面的代码进行尝试。

代码如下：

```
#include<stdio.h>
float calculate(int scores[],int len);
int main()
{
        int scoresA[5]= {78,68,72,98,76};
        // 定义 scoresA 数组保存 A 组五名学生的成绩
        int len=sizeof(scoresA)/sizeof(scoresA[0]); // 数组长度
        float avg= calculate(scoresA,len);
```

```
        printf("A组同学的平均分为%.2f",avg);   // 输出 calculate 函数的返回值
        return 0;
    }
    // 计算平均分的函数
    float calculate(int scores[],int len)
    {
      int i, sum=0;
      float average=0;
      for(i = 0;i < len;i++)                      // 求总分
      {
          sum=sum+scores[i];
      }
      average=(float)sum/len;                     // 求平均分
      return average;
    }
```

当数组名作为函数参数时，函数的调用形式如上述代码所示。scoresA 为实参数组名，在用数组名作为函数参数时，实参只需要写数组名即可。

11.4　二　维　数　组

故事背景： 统计了小组的数学成绩，班主任又布置给小明一个新的任务，统计小组同学所有科目的成绩。为了解决这个问题，我们来接触一个新的概念——二维数组。

大家都知道坐标系，有用来描述线性位置的一维坐标系，还有用来描述平面位置的二维坐标系。同样的，在数组中除了有一维数组还有二维数组。

$$\begin{bmatrix} 2 & 4 & 5 \\ 6 & 3 & 2 \end{bmatrix}$$

图 11-9　矩阵

图 11-9 是一个 2 行 3 列的矩阵，如何描述和存储这个矩阵呢？

对于整个平面的大小或是矩阵的大小可以通过它有几行几列来描述，计算机编程语言中的二维数组也是从行数和列数这两个维度来描述平面的。图 11-9 是一个 2 行 3 列的矩阵，因此可以定义这样一个二维数组来存储这个矩阵——arr[2][3]，其中的 2 表示有两行，3 表示有三列，arr 是数组名。

二维数组常被称作矩阵，把二维数组写成行和列的排列形式。

通过上述讲解可以归纳出二维数组定义的格式为：

数组名 [行数][列数]

其中，数组名的命名规则与一维数组命名规则相同。

通过前面的学习，知道了如何定义一个二维数组来描述一个二维平面，并且定义了二维数组 arr[2][3] 来存储如图 11-9 所示的矩阵，现在如何将矩阵中的值存到数组中呢？下面给出了两种方式。

代码如下：

```
#include<stdio.h>
int main()
{
    int arr1[2][3]={{2,4,5},{6,3,2}};          // 按行分段赋值
```

```
    int arr2[2][3]={2,4,5,6,3,2};            // 按行连续赋值
    return 0;
}
```

注意：

（1）可以只对部分元素赋初值，没有赋值的元素自动取 0，例如：

```
int arr[2][3]={{1},{2}};
```

等价于

```
int arr[2][3]={{1,0,0},{2,0,0}};
```

（2）对全部元素赋初值，一维的长度可以不给出（可以不指定行数，一定要指明列数），例如：

```
arr[][3]={1,3,5,2,4,6};
```

等价于

```
arr[][3]={{1,3,5},{2,4,6}};
```

通过前面的学习我们已经将图 11-9 所示的矩阵保存到计算机中，假设现在要取这个矩阵中第二行第三列的元素 2，这时该怎么办呢？

想想前面是怎么获取一维数组中元素的，通过下标法，例如：一维数组

```
a[3] = {1,2,3};
```

引用数组 a 中第二个元素 a[1]，注意此处不是 a[2]，因为数组下标从 0 开始。能不能也用下标法获取二维数组中的元素呢？

前面总结出二维数组的定义格式为：

```
数组名 [ 行数 ] [ 列数 ]
```

类比一维数组中的下标法，下标也从 0 开始，此时用第一个中括号控制行的位置，第二个中括号控制列的位置。那么矩阵中的所有元素与数组中元素的对应关系如表 11-1 所示。

表 11-1 矩阵中的所有元素与数组中元素的对应关系

	第 1 列	第 2 列	第 3 列
第 1 行	arr[0][0]=2	arr[0][1]=4	arr[0][2]=5
第 2 行	arr[1][0]=6	arr[1][1]=3	arr[1][2]=2

下面通过下标法输出了矩阵中第二行第三列的元素。

代码如下：

```
#include<stdio.h>
int main()
{
    int arr2[2][3]={2,4,5,6,3,2};
```

```
    printf(" 矩阵中第 2 行第 3 列的元素为 %d",arr2[1][2]);
    int i,j;                                // 定义循环变量
    for(i=0;i<2;i++)                        // 外层循环每一行
    {
        for(j=0;j<3;j++)                    // 内层循环每一列
        {
            printf("%d\n",arr2[i][j]);      // 第 i+1 行第 j+1 列元素
        }
    }
    return 0;
}
```

我们也给出了通过双重循环遍历二维数组的代码，请大家根据双重循环的逻辑自行分析理解。

11.5　本章小结

本章主要通过对列表概念的描述和讲解，加深学生对"归类"的理解，体会将多维度问题进行抽象分类和简单化的价值，最终通过一些基础语法的学习，完成通过编程具体实现功能。通过对本章的学习，了解数组的概念并映射到日常生活中，理解数组概念存在的含义以及它的合理运用范围，学会针对数组的一系列操作，包括取值、求数组长度、遍历数组、排序，简单了解二维数组。

关键点概括如下。

（1）在创建数组时，必须定义数组的类型和大小，数组的大小不能为 0，数组中的元素类型都是相同的。

（2）一维数组定义方式：

类型说明符　数组名 [常量表达式]

（3）字符数组：用来存放字符数据的数组。其定义的一般形式为：

char　数组名 [数据长度]

字符数组用于存放字符或字符串，字符数组中的一个元素存放一个字符，它在内存中占用一字节。C 语言中没有字符串类型，字符串是存放在字符型数组中的。

（4）二维数组定义方式：

类型说明符　数组名 [常量表达式 (行数)][常量表达式 (列数)]

11.6　本章习题

1. 输入 10 个正整数，并定义一维数组 int binary[10]，要求按照顺序将这 10 个整数对应的二进制数存入数组 binary 中。

2. 输入 10 个整数，输出这 10 个整数中的最大数和最小数。

3. 输入任意一个 5 位的正整数，然后将该数中的每一个数拆分，逆序存入数组

num 中。例如，输入 24315，则按照 5、1、3、4、2 的顺序存入数组 num 中。

4．编写一个 int getCapitalNum() 函数，要求在该函数中输入任意一组字符，并统计返回出该组字符中大写字母的个数。例如，输入"This is a Book"，则返回 2。

5．编写一个 int getChar(char str[]) 函数，要求通过遍历字符数组 str，统计字符串中的英文字母的个数并返回结果。例如，输入"This is a Book!"，则返回 11。

6．输入任意一组字符，并判断该组字符是否为对称字符，例如"abc"为非对称，"aba"为对称，"abba"为对称。

7．定义一个 3×4 的二维浮点型数组，并求每一行的平均数，要求保留两位有效小数。

8．定义一个 5×5 的二维整型数组，并求每一列的平均数，要求平均数保留两位有效小数。

第12章 指针——大海捞"书"轻而易举

在图书馆中每一本书都有一个独一无二的编号，标记了这本书在图书馆中的位置。因此，查找一本书的时候可以通过两种方式来实现：一种是根据书的名称查找，例如时间简史；另外一种方法是根据书在图书馆中的位置查找，例如 A 馆 10 号书架 003。同样，在计算机内存中，对内存空间按字节进行编址，访问一个变量也有两种方法，一种是使用该变量的名称；另一种是使用该变量在内存中存储的地址编号进行查找。

指针表示的就是计算机内存的地址，我们可以通过指针变量访问计算机的内存空间，如基本变量、数组、字符串等。

12.1 指针的概念、定义与使用

12.1.1 变量与内存

要理解指针，必须理解 C 语言中"变量"的存储实质，为理解存储，我们先来理解内存空间。

如图 12-1 所示，内存是一个存放数据的空间，与电影院中的座位类似，每个座位都有编号，内存要存放各种各样的数据，当然我们要知道这些数据存放在什么位置。

图 12-1 内存示例

内存像座位一样进行了编号，这就是所谓的内存编址。座位可以是按一个座位一个号码从一号开始编号，内存则是按字节进行编址，如图 12-1 所示。每个字节都有个编号，称为内存地址。

看看以下的 C 语言变量声明：

```
int i;
char a;
```

内存中的变量占用空间如图 12-2 所示。

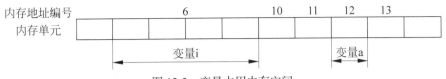

图 12-2　变量占用内存空间

从图 12-2 可看出，变量 i 在起始地址为 6 的内存中申请了 4 字节的空间，然后将空间合并，以第 1 个地址编号为该空间的最终地址编号，并命名为 i；a 在地址为 12 的内存中申请了 1 字节的空间，并命名为 a。这样就有两个不同类型的变量了。

1．变量赋值

赋值语句如下所示：

```
i=30;
a='t';
```

这两个语句是将 30 存入 i 变量的内存空间中，将 't' 字符存入 a 变量的内存空间中。可以这样形象地理解，如图 12-3 所示。

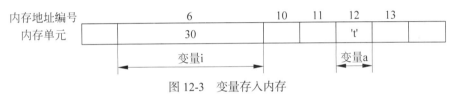

图 12-3　变量存入内存

2．变量的地址

在程序中该如何获取到变量 i 的地址呢？

C 语言中使用 & 符号取得变量在内存单元中的地址，因此，&i 是取 i 变量所在的地址编号。在屏幕上显示变量的地址值，可以写如下代码：

```
//%p 输出的长度是一致的 8 位 16 进制符
printf("i 变量的地址：%p \n", &i);
```

以图 12-3 的内存映像为例，屏幕上显示的不是 i 值 30，而是显示 i 的内存地址编号 6。当然实际操作时，i 变量的地址值不会是这个数。本案例的完整代码如下：

```
int main()
{
    int i=30;
    printf("i 变量的地址：%p \n", &i);      //① 结果是 i 的地址
    printf("i 变量的值：%d", i);            //② 结果是 30
    return 0;
}
```

12.1.2　指针的概念以及定义

其实生活中处处都有指针，我们也处处在使用它，有了它我们的生活才更加方便，没有指针，生活很多时候会变得很不方便。

这是生活中的一个例子：我借给你一本书，我到了你宿舍，但是你不在宿舍，于是我把书放在你的书架 2 层 3 格上，并写了一张纸条放在你的桌上。纸条上写着：你要的书在书架的第 2 层 3 格上，当你回来时，看到这张纸条，就知道我借给你的书放在哪了。纸条本身不是书，它上面也没有放着书。你如何知道书的位置的呢？因为纸条上写着书的位置！其实这张纸条就是一个指针。它上面的内容不是书本身，而是书的地址，你通过纸条这个指针找到了我借给你的书。

那么 C 语言中的指针又是什么呢？

我们来看一个 C 语言中整型数据指针的声明，格式如下：

```
int  * pi;
```

pi 是一个指向整型变量的指针，pi 一定是个特别的变量吗？其实，pi 也只不过是一个变量而已，* 表示后边的变量是一个指针变量。它与基本变量并没有实质的区别。假设 pi 占用 115、116、117、118 四字节空间，那么合并后，115 编号即为 pi 的最终编号。图 12-4 表示了基本变量和指针变量在内存中的存储情况。

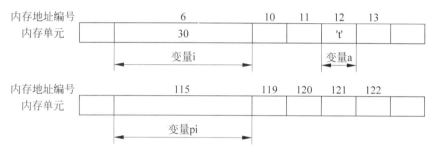

图 12-4　基本变量和指针变量在内存中的存储情况对比

由图 12-4 可以看出，使用 int *pi 声明指针变量，其实就是在内存的某处声明一个一定宽度的内存空间，并把它命名为 pi。大家能在图中看出 pi 与前面的 i，a 变量有什么本质区别吗？没有。pi 也只不过是一个变量而已！那么它为什么会被称为指针？关键是要看这个变量所存储的内容是什么。现在要让 pi 成为真正有意义的指针。

12.2　指针与变量

了解了指针的概念之后，来看一下如何用一个指针指向一个变量，如何把指针和基本变量关联起来。

```
int *pi;
int i=30;
pi=&i;
```

其中，&i 是返回 i 变量的地址编号，& 是取地址运算符，整句代码的意思就是把 i 地址的编号赋值给 pi，也就是在 pi 上写上 i 的地址编号。结果如图 12-5 所示。

图 12-5　指针与变量

执行完 pi=&i; 后，在图 12-5 所示的系统中，pi 的值是 6。这个 6 就是 i 变量的地址编号，这样 pi 就指向变量 i 了。pi 与那张纸条有什么区别？ pi 就是那张纸条，上面写着 i 的地址，而 i 就是那本书。因此，把 pi 称为指针。指针变量所存的内容就是内存的地址编号。但是这个内存单元是有限定的，pi 是一个整型指针，因此 pi 所指向的内存单元应该保存的是一个整型数据。现在就可以通过这个指针 pi 来访问到 i 这个变量了。看下面语句：

```
printf(" 通过指针 pi 获取变量 i 的值：%d", *pi);
```

此处 *pi 是什么意思？要这样理解：pi 内容所指的地址的内容，就是 pi 这张"纸条"上所写的位置上的那本"书"——变量 i 。pi 内容是 6，也就是说 pi 指向内存编号为 6 的地址。*pi 就是它所指地址的内容，即地址编号 6 上的内容了，当然就是 30 的值了，所以这条语句会在屏幕上显示 30。

也就是说语句：

```
printf("%d", *pi);
```

等价于语句

```
printf("%d", i);
```

从上面的例子也能看出，与指针有关的 "*" 有两种，第一种 "*" 是定义一个变量为指针变量，仅仅出现在定义语句中；第二种 "*" 是访问指针所指向内存空间的值。要能够加以区分，不能混为一谈。

总之，我们应该掌握类似 &i, *pi 写法的含义和相关操作。

思考题：你能直接看出输出的结果是什么吗？

```
char  a, *pa;       // 参考图 12-6(a)
a=97;               // 参考图 12-6(b)
pa=&a;              // 参考图 12-6(c)
*pa=98;             // 参考图 12-6(d)
printf("%c", a);
```

上述思考题的运行结果是 b，下面就通过每一步的内存图来看看为什么结果是 b。

在图 12-6(a) 中假设 xxx 是变量 a 的地址，nnn 是变量 pa 的地址，然后给变量 a 赋值为 97，如图 12-6(b) 所示。然后指针 pa 指向变量 a，如图 12-6(c)。最后，修改指针 pa 所指向的内存单元的值，如图 12-6(d) 所示。

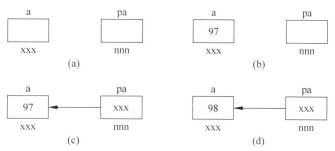

图 12-6 指针与变量的地址

在如图 12-6(a)~(d) 的描述中，通过指针 pa 修改了变量 a 的值，可知通过变量名和指针都能够实现对内存的读写操作。

12.3 指针的运算

指针也可以参与运算，由于指针是地址，对指针的运算实际就是对地址进行运算操作，所以指针的运算具有特殊的含义。地址的运算操作不同于简单的变量运算，指针的运算通常只限于两种，算术运算和关系运算。

12.3.1 指针的算术运算

算术运算符当中，指针的运算仅限于 +、-、++、--。

（1）+、++ 表示的是指针向前移，地址编号增加。

（2）-、-- 表示的是指针向后移，地址编号减小。

假设 p 是某种数据类型的一个指针变量，n 是一个整型变量，p+n、p++、++p、p--、--p 和 p-n 的运算结果都是一个指针，实现对地址的向前或者向后的挪动。尤其要注意的是，两个地址直接做加法运算是没有意义的，例如有指针 p 和 q，p+q 没有意义，而 p-q 则是可行的，表示两个指针之间的偏移量。

12.3.2 指针的关系运算

在关系运算符里，通常在指针运算中应用的是 "==" 运算符，判断两个地址是否相等，即两个指针是否指向同一个地址单元。因为关系运算符的取值只有 "真" 和 "假" 两种，所以指针的关系运算的取值也只有 "真" 和 "假" 两种。

假设有：

```
int a=3, b=3,*p1,*p2;
p1=&a;
p2=&b;
```

即指针 p1 指向变量 a，指针 p2 指向变量 b，则表达式 p1==p2 的取值为 0（假），因为 p1 和 p2 指向了不同的元素。如果修改 p2=&a，即指针 p2 也指向了变量 a，则此时表达式 p1==p2 的取值为 1（真），只有两个指针指向同一个元素的时候，取值才为真。

12.4 指针与数组

每一个不同类型的变量在内存中都有一个对应的地址，数组也一样，并且一个数组的所有元素在内存中是按顺序存放的，数组名就是数组在内存中的起始地址。指针的值代表了一个地址，因此，指针可以用来指向一个数组或者数组中的一个元素。指向数组的指针称为数组指针。

先来看一段简单的代码，如下所示。

```
int a[10]={3,4,5,6,7,3,7,4,4,6};
int i;
for(i=0;i<=9;i++)
{
    printf("%d", a[i]);
}
```

很显然，这个程序段的结果是输出数组 a 中各元素值。还可以这样访问元素，代码如下所示。

```
int a[10]={3,4,5,6,7,3,7,4,4,6};
int i;
for(i=0;i<=9;i++)
{
    printf("%d", *(a+i));
}
```

根据运行结果发现，这两个程序段的结果和作用完全一样，为什么？

指针保存的是内存单元的地址，而实际上数组名可以表示数组在内存单元的首地址，即 a[0] 的地址等价于 a 的值，由于数组中的数据在内存单元是连续存放的，因此 a+i 可以表示数组 a 的第 i 个元素的地址，对地址 (a+i) 执行取值运算等价于数组 a 的第 i 个元素的值，即 *(a+i) 等价于 a[i]。

12.4.1 指向一维数组的指针

定义一个指针变量，该指针指向一个一维数组，例如：

```
int a[5],*pa;
pa=a;                   // 指针 pa 指向数组的起始地址
```

当定义了一个指向数组的指针后，对于数组元素的访问，既可以通过数组名加下标的方法访问，也可以通过指针的形式访问。

来看一段代码：

```
 int *pa;
 int a[10]={3,4,5,6,7,3,7,4,4,6};
 pa=a;                 // 请注意数组名 a 直接赋值给指针 pa
 int i;
 for(i=0;i<=9;i++)
```

```
{
    printf("%d", pa[i]);
}
```

很显然，它也是显示 a 数组的各元素值。

另外，与数组名一样也可用如下代码：

```
int *pa;
int  a[10]={3,4,5,6,7,3,7,4,4,6};
pa =a;   // 请注意数组名 a 直接赋值给指针 pa
int i;
for(i=0;i<=9;i++){
    printf("%d", *(pa+i));
}
```

以上程序段通过不同的形式输出了数组 a 中的各个元素。数组 a 和指针 pa 在内存的存储关系如图 12-7 所示。

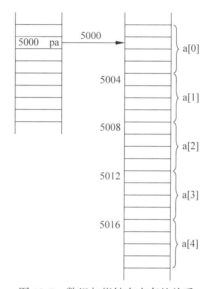

图 12-7　数组与指针在内存的关系

从图 12-7 可以看出，一维数组的起始地址可以用 pa、a 和 &a[0] 来表示。一维数组 a 中下标为 i 的元素的值可以用 *(a+i)、*(p+i)、a[i]、p[i] 来表示。所以数组 a 中的各元素的值和地址的表示如表 12-1 所示。

表 12-1　数组元素和地址的表示

描　　述	表　达　式	意　　义
数组元素地址描述	a、&a[0]、p	a 的起始地址
	a+i、p+i、&a[i]、&a[0]+i	a[i] 的地址
数组元素值描述	* a、a[0]、*p	a[0] 的值
	(a+i)、(p+i)、a[i]、p[i]	a[i] 的值

其中 pa=a 即数组名赋值给指针。通过数组名、指针对元素的访问形式看，它们并没有什么区别，从这里可以看出数组名其实也就是指针。难道它们没有任何区别?

12.4.2　数组名与指针变量的区别

请看下面的代码:

```
int *pa;
int a[10]={3,4,5,6,7,3,7,4,4,6};
pa=a;
int i;
for(i=0;i<=9;i++){
    printf("%d", *pa);
    pa++; //注意这里,指针值被修改
}
```

可以看出，这段代码也是将数组各元素值输出。不过，当我们把 for{} 中的 pa++ 改成 a++ 后，会发现程序编译出错。看来指针和数组名还是不同的。其实上面的指针 pa 是指针变量，而数组名 a 是一个指针常量。这个代码与上面的代码不同的是，指针 pa 在整个循环中，其值是不断递增的，即指针值被修改了。数组名是指针常量，其值是不能修改的，因此不能类似 a++ 这样操作。前面几处代码中 pa[i]、*（pa+i ）处，指针 pa 的值始终没有改变。所以变量指针 pa 与数组名 a 可以互换。

12.4.3　指针与字符串

在 C 程序中，除了可以使用指针访问一个数组，也可以使用指针访问字符串，可以用两种方法实现访问。

（1）用字符数组存放一个字符串，然后输出该字符串，代码如下:

```
int main(){
    char string[] = "I love China! ";
    printf("%s", string);
    return 0;
}
```

运行时输出:

```
I love China!
```

和之前所介绍的数组属性一样，string 是数组名，它代表字符数组的首地址。string[4] 代表数组中下标为 4 的元素 v，实际上 string[4] 就是 *(string + 4)，string+4 是一个地址，它指向字符 v，如图 12-8 所示。

（2）用字符指针指向一个字符串。

可以不定义字符数组，而定义一个字符指针，用字符指针指向字符串中的字符，代码如下:

```
int main(){
    char *string ="I love China! ";
    printf("%s", string);
    return 0;
}
```

这段代码没有定义字符数组，而是在程序中定义了一个字符指针变量 string。给定一个字符串常量 "I love China!"，C 语言对字符串常量是按字符数组处理的。在内存开辟了一个字符数组用来存放字符串常量。程序在定义字符指针变量 string 时把字符串首地址（即存放字符串的字符数组的首地址）赋给 string。有人认为 string 是一个字符串变量，以为是在定义时把 "I love China ! " 赋给该字符串变量，这是不对的。

string 的定义如下所示：

```
char *string = "I love China!";
```

等价于下面两行代码：

```
char *string;
string = "I love China!";
```

可以看到 string 是一个指针变量，指向字符型数据，请注意它只能指向一个字符变量或其他字符类型数据，不能同时指向多个字符数据，更不能把 "I love China!" 这些字符存放到 string 中（指针变量只能存放地址），也不能把字符串赋给 *string。只是把 "I love China!" 的首地址赋给指针变量 string，如图 12-9 所示。

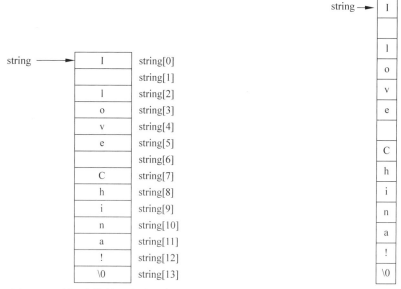

图 12-8　利用字符数组存放字符串　　　图 12-9　利用字符指针指向字符串

%s 可以对一个字符串进行整体的输入输出。

对字符串中字符的存取，可以用下标方法，也可以用指针方法。下面我们针对"将字符串 a 复制给字符串 b"这个案例，通过两种方法进行实现。

【例 12-1】 将字符串 a 复制给字符串 b。

（1）用下标方法实现。

```
#include<stdio.h>
// 下标法，实现数组 a 赋值给数组 b
int main()
{
    char a[]="I love China!",b[20];
    int i;
    // 变量数组 a，直到遇到数组 a 的结束符为止
    for(i=0;a[i]!='\0';i++)
    {
        b[i]=a[i];// 等价于 *(b+i)=*(a+i)
    }
    b[i]='\0';
    printf("b 字符串: %s\n",b);
    return 0;
}
```

程序的运行结果为：

```
b 字符串: I love China!
```

程序中 a 和 b 都定义为字符数组，可以通过地址访问数组元素。

（2）用指针方法实现。

```
#include<stdio.h>
// 指针法，实现数组 a 赋值给数组 b
int main()
{
    char a[]="I love China!",b[20];
    char *p1=a;
    char *p2=b;
    // 变量指针 p1 指向的值，直到结束符为止
    // 每循环一次，p1 和 p2 往后移动一位
    for(;*p1!='\0';p1++,p2++)
    {
        *p2=*p1;
    }
    *p2='\0';
    printf("b 字符串: %s\n",b);
    return 0;
}
```

程序的运行结果为：

```
b 字符串: I love China!
```

程序中 p1 和 p2 是指针变量，它指向字符型数据，通过 p1 和 p2 值的改变来指向字

符串中不同的字符。

说明：虽然用字符数组和字符指针变量都能实现字符串的存储和运算，但它们二者之间是有区别的，不应混为一谈。主要有以下几点。

（1）字符数组由若干个元素组成，每个元素中放一个字符，而字符指针变量中存放的是地址（字符串的首地址），绝不是将字符串放到字符指针变量中。

（2）赋值方式不同。

对字符数组只能对各个元素赋值，不能用以下办法对字符数组赋值。

```
char str[14];
str="I love China! ";                    // 错误
```

而对字符指针变量，可以采用下面方法赋值：

```
char *a;
a="I love China! ";                      // 正确
```

但注意赋给 a 的不是字符，而是字符串的首地址。

（3）初始化不同。

字符指针变量赋初值时可以整体赋值，也可以分开。

```
char *a="I love China! ";                // 正确
```

等价于

```
char *a;
a="I love China! ";                      // 正确
```

数组可以在变量定义时整体赋初值，但不能在赋值语句中整体赋值。

```
char str[14] = "I love China! ";         // 正确
```

不能等价于

```
char str[14];
str[] = "I love China! ";                // 错误
```

（4）指针变量的值是可以改变的。

```
char *a = "I love China! ";
a = a + 7;
printf("%s", a);                         // 正确，运行结果：China!
```

指针变量 a 的值可以变化，输出字符串时从 a 当时所指向的单元开始输出各个字符，直到遇到 '\0' 为止。而数组名虽然代表地址，但它的值是不能改变的。

```
char a[14] = {"I love China! "};
a=a+7;                                    // 错误
```

12.5　指针作为函数参数

函数的参数有两种传递方式：一种是传值的方式，称为值传递；另一种是传地址的方式，称为地址传递。

12.5.1　值传递

先来看一个函数，数据交换的函数如下：

```
// 定义中的 x,y 变量被称为 exchg 函数的形参
int exchg(int x, int y){
    int tmp = x;                    // 图 12-10(b)
    x = y;
    y = tmp;
    printf("x=%d, y=%d\n", x, y);   // 图 12-10(c)
    return 0;
}
```

问：你认为这个函数在做什么？

答：好像是对参数 x，y 的值对调。

请往下看，利用这个函数来完成对 a、b 两个变量值的对调，程序如下：

```
int main()
{
    int a=4,b=6;                    // 图 12-10(a)
    exchg(a,b);                     //a,b 变量为 exchg 函数的实际参数
    printf("a=%d, b=%d\n", a, b);   // 图 12-10(d)
    return 0;
}
```

程序输出的结果是：

```
x=6, y=4
a=4, b=6                           // 为什么不是 a=6,b=4 呢？
```

为什么第 5 行调用数据交换函数过后，a 和 b 的值没有发生改变呢？

实际上函数在调用时是隐含地把实参 a、b 的值分别赋值给了 x、y，之后在 exchg 函数体内再也没有对 a、b 进行任何的操作了，交换的只是 x、y 变量，并不是 a、b，当然 a、b 的值没有改变。函数里 x、y 只是接收了 a、b 的值，是独立于 a、b 的个体，所以修改了 x、y 的值，并没有对 a、b 产生影响。这就是所谓的参数的值传递。

下面通过内存图来演示，为什么 a 和 b 的值没有发生对调，如图 12-10 所示。

在图 12-10(a) 中，假设 xxx 是变量 a 的地址，nnn 是变量 b 的地址。在图 12-10(b) 中，由于调用函数 exchg，内存创建 x、y 两个变量，且 x 为 a 的值，y 为 b 的值。程序运行到图 12-10(c) 的时候，已完成 x 和 y 的值交换，但 a 和 b 并未发生改变。在图 12-10(d) 中，当 exchg 函数调用结束时，函数中的形参将消失。

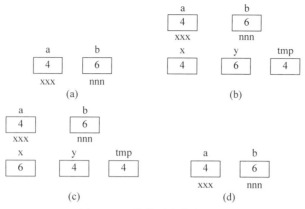

图 12-10　值传递内存变化图

由此可见，尽管在 exchg 函数对形参 x 和 y 的值进行了交换，但实际参数的值并未发生改变！

12.5.2　地址传递

如果需要 exchg 函数真正地做到交换主函数中 a、b 的内容，就需要将 a、b 的地址作为实参传递给 exchg 函数，exchg 的参数表中需要定义形参接收主函数传递过来的地址，能保存地址值的就是指针了，因此形参必然是两个指针，代码如下：

```
void  exchg(int * x, int *y){          // 传递指针
    int  tmp  = *x;                    // 图 12-11(a)
    *x = *y;
    *y = tmp;
    printf("x=%d, y=%d\n", *x, *y);    // 图 12-11(d)
}
```

主函数中调用 exchg 的语句也要做出改变，代码如下：

```
int main()
{
    int a=4,b=6;                       // 图 12-11(a)
    exchg(&a, &b);                     //&a, &b 为 exchg 函数的实际参数
    printf("a=%d, b=%d\n", a, b);      // 图 12-11(d)
    return 0;
}
```

程序输出的结果是：

```
 x=6,  y=4
 a=6,  b=4                              //a 和 b 发生对调
```

同样，下面我们通过内存图来演示一下，为什么 a 和 b 的值发生了对调，如图 12-11 所示。

在图 12-11(a) 中，假设 xxx 是变量 a 的地址，nnn 是变量 b 的地址。在图 12-11(b) 中，由于调用函数 exchg，内存创建 x、y 两个指针变量，且 x 指向 a 的地址，y 指向 b 的地

址。运行到图 12-11(c) 的时候，已完成 x 和 y 地址所指向的值交换，即 a 和 b 发生改变。在图 12-11(d) 中，当 exchg 函数调用结束时，函数中的形参将消失。

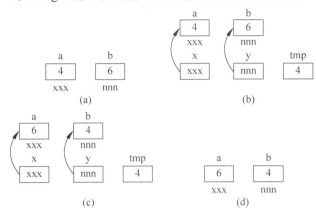

图 12-11　地址传递内存变化图

由此可见，在 exchg 函数中如果传递的是地址，则实际上函数在调用时是隐含地把实参 a、b 的地址分别赋值给了 x、y，我们交换 x、y 所指向内存单元存储的值时，就相当于在交换 a、b 的值，所以 a、b 的值发生改变。这种传递的方式我们称之为地址传递。

12.5.3　一维数组名作为函数参数

数组名可以用作函数的形参和实参。当作为实参时，直接引用数组名；当作为形参时，需要定义形参数组的数据类型，类似于普通的函数定义、调用。

通过如下程序代码，来了解一下数组名作为实参和形参的使用形式。

```
#include<stdio.h>
// 该函数用来变量数组 a 所有的值
void printfList(int a[],int len)
{
    int i;
    for(i=0;i<len;i++)
        printf("%d ",a[i]);
}
int main()
{
    int aList[10]={3,5,6,7,8,2,3,7,4,4};
    printfList(aList,10);
    return 0;
}
```

程序的运行结果为：

```
3 5 6 7 8 2 3 7 4 4
```

由上述代码可知，aList 为实参数组名，a 为形参数组名，在数组名作为函数参数时，实参只需要写数组名即可，可参考调用函数 printfList(aList, 10)，而形参需要写出数组的完整格式。但是由于当通过数组名做函数参数时，数组名代表数组首地址，因此不需要像定义的时候那样填写具体的数组长度，可参考定义函数 printfList(int a[], int len)，另外一点需要注意的是，实参数组和形参数组的数据类型必须一致。

那么，在数组名做函数参数进行传递时，到底是属于值传递，还是地址传递呢？来看下面一段代码。

```
#include<stdio.h>
// 遍历数组
void printfList(int a[],int len)
{
    int i;
    for(i=0;i<len;i++)
        printf("%d ",a[i]);
    printf("\n");
}
// 将数组 a 中的最后一个数值修改为 0
void modifyList(int a[],int len)
{
    a[len-1]=0;
}
int main()
{
    int aList[3]={3,5,6};
    printfList(aList,3);
    modifyList(aList,3);
    printfList(aList,3);
    return 0;
}
```

程序的运行结果为：

3 5 6
3 5 0

通过上述代码我们发现 aList 数组的值被修改了，这是为什么？

由于数组名本身是一个地址，所以当数组名作为函数参数的时候，实际上是地址传递的形式。aList 为实参数组名，a 为形参数组名，当用数组名作参数时，如果形参数组中各元素的值发生变化，实参数组元素的值也随之变化。

这是因为当通过数组名做函数参数时，数组名代表数组首地址。因此，如果用数组名作实参，在调用函数时是把数组的首地址传送给形参（注意，不是把数组的值传递给形参）。在这个案例中，我们指定实参数组名为 aList，用数组名 a 作为形参，以接收实参传过来的数组首地址。这样实参数组与形参数组共占用同一段内存，如图 12-12 所示。

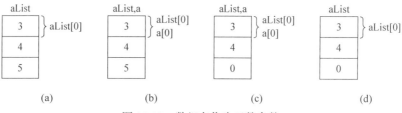

图 12-12　数组名作为函数参数

（1）声明数组 aList，且调用函数之前内存图，如图 12-12(a) 所示。

（2）调用函数 modifyList 后，在该函数还未修改 a[len -1] 之前，如图 12-12(b) 所示。

（3）修改 a[len -1] 之后，如图 12-12(c) 所示。

（4）结束函数调用，形参 a 被销毁，如图 12-12(d) 所示。

所以当我们修改数组 a 中的最后一个数值时，实际上就是在修改 aList 里面的值。

12.6　本章小结

通过对实际的生活案例的描述，理解指针的概念以及存在意义，并掌握指针的内存存放形式，最终通过代码来模拟日常生活中所谓"地址"查询的思维方式和操作方法。本章需要理解指针和变量在内存中的映射，能掌握通过指针访问普通变量及数组元素并输出，正确区分"值传递"和"地址传递"，并掌握指针作为函数参数进行传递参数的方法。

关键点概括如下。

（1）变量与内存分配，内存单元是有编址的，通常将内存单元的编址称之为"地址"，可以用取地址符"&"来获取。不同类型的变量所占的内存单元的长度也不相同。

（2）指针变量实质上就是变量的一种，与其他普通变量区别在于，指针变量只能存储"地址"，而不是"具体数值"，即指针指向内存单元的地址，指针变量所指向的内容即是内存单元的编号。

（3）指针可以进行算术运算和关系运算，指针的运算仅限于 +、−、++、−−，指针的加减运算表示指针向前或向后移动，因此两个指针变量相加是没有意义的，而两个指针相减则表示两个指针之间的偏移量；指针的关系运算通常是 ==，表示判断两个指针是否相同，如有指针变量 p1 和 p2，若 p1==p2，则表示 p1 和 p2 指向同一个内存单元。

（4）指针还可以用来指向一个数组或者数组中的一个元素。指向数组的指针称为数组指针。指针也可以作为函数的参数，这种情况叫作地址传递。

12.7　本章习题

1. 有如下定义：

```
int a=511, *b=&a;
```

则语句"printf("%d\n", *b)；"与语句"printf("%d\n", b)；"的输出结果分别是什么？

2. 若有定义"int a=5；"，解释语句"int *p=&a；"的含义。

3. 若有说明语句"int a，b，c，*d=&c；"，则从键盘读入三个整数分别赋给变量 a、b、c 的语句有几种写法？

4. 以下程序中调用 scanf 函数给变量 a 输入数值的方法是否正确？请说明原因。

```
#include<stdio.h>
    int main()
```

```
    {
        int *p, *q, a, b;
        p=&a;
        printf("input a:");
        scanf("%d", *p);
        ...
        return 0;
    }
```

5. 下面程序段中，for 循环执行了多少次？

```
char *s="\ta\018bc";
for ( ; *s!='\0'; s++) {
    printf("*");
    }
```

6. 写出下列程序的输出结果。

```
#include "stdio.h"
int main()
{
    int a[]={1,2,3,4,5,6,7,8,9,0}, *p;
    p=a;
    printf("%d\n", *p+9);
    return 0;
}
```

7. 写出以下程序的输出结果。

```
#include "stdio.h"
char cchar(char ch)
{
    if (ch>='A' && ch<='Z')
        ch=ch-'A'+'a';
    return ch;
}
int main()
{
    char s[]="ABC+abc=defDEF", *p=s;
    while(*p)
    {
        *p=cchar(*p);
        p++;
    }
    printf("%s\n",s);
    return 0;
}
```

8. 声明并定义 sort 函数，该函数功能是将 arrayList 数组的三个数字由小到大顺序排列，并输出。在 main 函数中编写如下内容：从外部输入三个整数，并将这三个整数存到一个一维数组中，然后调用 sort 函数，该函数功能是将该数组的三个数字由小到大顺序排列，并输出。

9. 编写一个函数，求一个字符串长度。要求在 main 函数中输入字符串，然后通过控制台输出其长度。

第 13 章 结构体——自定义"封装"

本章将介绍一种新的数据类型——结构体，结构体类型是由若干个不同的数据类型的数据组合而成的数据整体。在本章之前，所学习的数据类型都只包含一种数据类型，即使是可以同时容纳多个元素的数组，也只能存储同一种数据类型的数据，如"int a[10];""float b[5];""char c[8];"等。但是在实际问题中，仅用一种数据类型难以表达完整一些事物的信息，例如，网购时，购买商品一条订单的信息包含商品名称、单价、购买数量、总价等，而这些信息需要使用不同的数据类型来表示，这时就要使用结构体来存储一个订单的信息。把一个订单的信息作为一个独立的对象，代表着该订单的若干属性。

13.1 结构体概述与定义

在订单里，每个商品都有商品名称、单价、数量、付款金额这四个属性，表示方式如图 13-1 所示。

那么想要存储一条商品数据，就需要存储图 13-1 所需的四个变量，所以首先定义这四个变量，如图 13-2 所示。

图 13-1 商品属性表示　　　　　　　图 13-2 商品属性变量定义

在之前所见的程序中，所用的变量大多是独立的、无内在关联的，为了将它们关联起来，能否用数组去存放这些数据呢？显然不能，因为数组中只能存放同一类型的数据，为了解决这个问题，我们将上面若干个不同类型的、互相关联的数据组成一个有机的整体，这种数据结构称为结构体（structure）。结构体是一种自定义数据类型，可以根据实际问题需求定义不同的成员属性。一个结构体类型的数据在使用之前，必须要对结构体的组成进行定义，定义格式如下：

```
struct 结构体名
{
    类型标识符 成员名 ;
    类型标识符 成员名 ;
    …
};
```

在定义结构体的时候，结构体包含这样几个特征。

（1）struct 是一个关键字，不能省略。

（2）结构体名可以是任意一个合法的标识符的名称。

（3）成员类型可以是基本数据类型或构造类型。

（4）结尾有一个分号。

（5）定义一个结构体类型只是定义了一种新的数据类型，告诉系统该类型由哪些类型的成员组成，并把它作为一个整体来使用。

根据结构体类型的定义，重新思考导读问题，对于一个商品的信息我们使用结构体类型做如下定义：

```
struct  goods
{
    char name[9];              // 名称
    float price;               // 价格
    int amount;                // 数量
    float pay;                 // 付款金额
};
```

其中，goods 是该定义的结构体类型的名称，该结构体包括 name、price 等四个不同类型的数据项，称之为成员变量。

13.2　结构体变量的定义

其实定义了一个结构体，就是增加了一种数据类型，因为 C 语言自带的几种简单数据类型并不能完全满足用户的需求，就好比颜料，本色只有红、黄、蓝、黑、白，但是这些原色并不能满足画家的需求，这时候画家就运用这些颜色，调配成想要的各种颜色：如橙色、绿色，结构体就是成员调配出的新型数据类型。

一旦定义了结构体，就可以定义该结构体类型的变量，可以采用不同的形式来定义结构体变量。下面一一介绍。

1．先定义结构体，再定义结构体变量

定义格式如下：

```
struct 结构体名
{
    类型标识符 成员名 ;
    类型标识符 成员名 ;
    …
};

类型标识符 变量名列表 ;
```

例如，我们可以用这样的形式定义一个订单的变量：

```
struct  goods
{
    char name[9];        // 名称
    float price;         // 价格
    int amount;          // 数量
    float pay;           // 付款金额
};
struct goods myGoods;
```

在上面定义了一个变量 myGoods，myGoods 是一个变量名，它是结构体 struct goods 的变量。在这里 struct goods 代表数据类型名，类似于使用基本的数据类型 int（int a,b;）、float（float c,d;）定义变量时，int、float 是数据类型名一样，这里的 struct goods 相当于 int、float 的作用。我们也可以用结构体来定义不同的变量，如：

```
struct goods myGoods, my_Goods;        //myGoods 和 my_Goods 是变量名
```

2. 定义一个结构体的同时定义一个或若干个变量

定义格式如下：

```
struct  结构体名
{
    类型标识符  成员名；
    类型标识符  成员名；
    …
} 变量名列表；
```

采用这样的形式定义一个订单商品的变量的方式如下：

```
struct  goods
{
    char name[9];        // 名称
    float price;         // 价格
    int amount;          // 数量
    float pay;           // 付款金额
} myGoods;
```

这种形式，即定义了结构体类型，又定义了变量。当然，如果有必要，依然可以在这种形式下，采用第一种定义变量的形式定义一个新的变量，如"struct goods my_Goods;"。

3. 直接定义结构体类型而不定义结构体名

定义格式如下：

```
struct
{
    类型标识符  成员名；
    类型标识符  成员名；
    …
```

```
} 变量名列表;
```

采用这样的形式定义一个订单商品的变量的方式如下:

```
struct
{
    char name[9];        // 名称
    float price;         // 价格
    int amount;          // 数量
    float pay;           // 付款金额
} myGoods;
```

这里只定义了一个 myGoods 结构体变量,但是没有定义结构体类型的名字,因此不能再用来定义其他变量。例如"struct my_Goods;"是非法的定义。

13.3　结构体变量的引用和赋值

13.3.1　结构体变量的引用

在程序中使用结构变量时,往往不把它作为一个整体来使用。除了具有相同类型的结构变量相互赋值以外,一般对结构变量的使用,包括赋值、输入、输出、运算等都是通过结构变量的成员来实现的。

表示结构变量成员的一般形式是:

结构体变量名 . 成员名

其中的圆点运算符"."称为成员运算符。例如,对于 myGoods 的定义:

```
struct  goods
{
    char name[9];        // 名称
    float price;         // 价格
    int amount;          // 数量
    float pay;           // 付款金额
};
struct goods myGoods;
```

则 myGoods.name、myGoods.price、 myGoods.amount、 myGoods.pay 均是对 myGoods 成员的正确引用。

如果成员本身又是一个结构,则必须逐级找到最低级的成员才能使用。例如,下面的定义:

```
struct date
{
    int day;
    int month;
    int year;
};
```

```
struct person;
{
    char name[15];
    struct date birthday;
    char sex;
    long telno;
};
struct person boy;
```

要访问结构体变量 boy 的出生日期，必须这样表示：

```
boy.birthday.day;
boy.birthday.month;
boy.birthday.year;
```

而不能表示成：

```
boy.day;
boy.month;
boy.year;
```

也不能表示成：

```
boy.birthday;
```

13.3.2 结构体变量的初始化

所谓初始化结构体变量，其实就是在内存里存储这个结构体变量并赋值，让"内存世界"里多了这个对象，就好比婴儿的诞生；结构体变量也可以在定义变量的时候初始化，由于结构体定义的形式不同，所以初始化分为多种方式，下面按照结构体变量的定义形式一一介绍。

1. 先定义结构体，再定义结构体变量

首先定义一个结构体如下：

```
struct  goods
{
    char name[9];        // 名称
    float price;         // 价格
    int amount;          // 数量
    float pay;           // 付款金额
};
```

我们可以这么初始化一个商品变量：

```
struct goods myGoods={"碎花连衣裙", 50, 2, 100};
```

则 myGoods 为结构体类型的变量，定义时依次对它的每一个成员进行赋值，即 myGoods 的四个成员变量 name 为"碎花连衣裙"，price 为 50，amount 为 2，pay 为 100。

由于定义了一个结构体类型，所以也可以用结构体来定义新的变量，如：

```
struct goods my_Goods;              //my_Goods 是变量名
```

2. 在定义一个结构体的同时定义一个或若干个变量

初始化一个商品变量的方式如下：

```
struct   goods
{
    char name[9];               // 名称
    float price;                // 价格
    int amount;                 // 数量
    float pay;                  // 付款金额
} myGoods={" 碎花连衣裙 ", 50, 2, 100};
```

同样，由于定义了结构体类型，所以也可以用结构体来定义新的变量，如：

```
struct goods my_Goods;              //my_Goods 是变量名
```

3. 直接定义结构体类型而不定义结构体名

初始化一个商品变量的方式如下：

```
struct
{
    char name[9];               // 名称
    float price;                // 价格
    int amount;                 // 数量
    float pay;                  // 付款金额
} myGoods={" 碎花连衣裙 ", 50, 2, 100};
```

这里只定义了一个 myGoods 的变量为结构体类型，但是没有定义该结构体类型的名字，因此不能再用来定义其他的结构体变量。

4. 分别给结构体的成员变量赋值

```
struct   goods
{
    char name[9];               // 名称
    float price;                // 价格
    int amount;                 // 数量
    float pay;                  // 付款金额
};
struct goods myGoods;           // 定义了一个结构体变量
myGoods.name=" 碎花连衣裙 ";    // 依次为每一个成员变量赋值
myGoods.proce=50;
myGoods.amount=2;
myGoods.pay=100;
```

13.3.3　结构体变量的输入和输出

　　所谓结构体，其实也就是根据业务需求自行定义的一个数据类型，从而生成出我们需要使用的变量，在定义了结构体变量以后，当然可以引用这个变量。但应遵守以下规则：

1. 只有赋值时，可以将结构体作为一个整体赋给另一个结构体变量

将一个结构体赋值给另外一个结构体变量的前提条件是这两个变量必须具有相同的结构体类型。

```
struct goods myGoods={"碎花连衣裙", 50, 2, 100};
struct goods my_Goods;
my_Goods=myGoods;                // 将结构体变量myGoods的值赋给my_Goods
```

2. 不能将一个结构体变量作为一个整体进行输入和输出

如上面定义的 myGoods 为结构体变量，下面使用 scanf 函数和 printf 函数对 myGoods 变量信息进行输入输出操作，需要逐个对成员变量执行输入输出操作。

```
scanf("%s %f %d %f", myGoods);            // 错误
scanf("%s %f %d %f", myGoods.name, myGoods.price, myGoods.amount,
myGoods.pay);                             // 正确
printf("%s,%f,%d,%f\n", myGoods);         // 错误
printf("%s,%f,%d,%f\n",myGoods.name,myGoods.price,myGoods
.amount,myGoods.pay);                     // 正确
```

当然，对于 myGoods 中的字符串成员也可以使用 gets 函数和 puts 函数，如：

```
gets(myGoods.name);
puts(myGoods.name);
```

【例 13-1】 阅读以下程序，分析程序的运行结果。

```
#include<stdio.h>
#include<string.h>
struct stu
{
    char name[12];        /* 姓名 */
    char sex;             /* 性别 */
    long Class;           /* 学号 */
    int s1;               /* 成绩1 */
    int s2;               /* 成绩2 */
};
int main()
{
    struct stu st1={"Li Ning",'M',110104,85,80};
    struct stu st2;
    st2=st1;                // 结构体变量作为一个整体赋值
    strcpy(st2.name,"Hu Ming");
    st2.Class=110206;
    st2.s1=83;
    printf("姓名 \t 性别 \t 学号 \t 成绩1\t 成绩2\n");
    printf("%s\t%c\t%ld\t%d\t%d\n",st1.name,st1.sex,st1.Class,st1
.s1,st1.s2);                   // 逐个输出结构体成员
    printf("%s\t%c\t%ld\t%d\t%d\n",st2.name,st2.sex,st2.Class,st2
.s1,st2.s2);
    return 0;
}
```

分析： 在程序中定义了两个相同类型的结构体变量 st1 和 st2，并对 st1 进行了初始化，赋值时，将 st1 作为一个整体的值赋给 st2。对 st2 的成员值进行修改。

程序的运行结果为：

姓名	性别	学号	成绩 1	成绩 2
Li Ning	M	110104	85	80
Hu Ming	M	110206	83	80

【**例 13-2**】　在斗地主游戏中牌的好坏对胜负有很大的影响，每张扑克牌都有牌面值和花色两个属性，要存储扑克牌的信息就需要用到结构体。

要求：

（1）定义结构体 Poker，包含两个成员变量 char value（牌面值）、char suit[7]（花色）。

（2）初始化一张牌 card，牌面值为 K（大写），花色为红桃。

代码如下：

```c
#include<stdio.h>
struct pocker {
    char value;
    char suit[7];
};
int main()
{
    struct pocker card = { 'K',"红桃 " };
    printf("%c\n",card.value);
    printf("%s\n",card.suit);
    return 0;
}
```

程序运行结果如下：

```
K
红桃
```

13.4　结构体变量的内存分配

结构体类型是一个模板，是虚的；结构体变量是一个对象，真实存在于内存中。打个比方：某同学这个名词很缥缈，但是这位同学是一个真实对象，他有身高、体重。结构体变量以结构体类型为约束，按照结构体类型模板生成出标准对象。它们之间的区别如图 13-3 所示。

结构体类型是个模板，不会占用内存任何空间，当以此模板声明一个结构体变量时，此变量就要在内存里开辟空间来存放变量的所有信息。

结构体变量所占空间是根据结构体类型中成员变量的数据类型来分配的。下面对结构体的定义，它有四个成员变量：

图 13-3　结构体类型与结构体变量

```
struct   goods{
   char name[9];                    //占 9 字节
   float price;                     //占 4 字节
   int amount;                      //占 4 字节
   float pay;                       //占 4 字节
} myGoods;
```

所以 myGoods 结构体变量共占 21 字节，具体描述如图 13-4 所示。

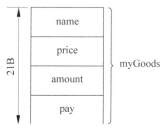

图 13-4 myGoods 结构体变量

一个结构体变量占用的内存空间是所有成员变量占用内存的总和。

【例 13-3】 阅读程序，分析程序的运行结果。

```
#include<stdio.h>
int main()
{
   struct worker
   {
      char name[12];                // 姓名
      int age;                      // 年龄
      float salary;                 // 工资
   };
   struct worker s1={"xiao ming", 25, 5555.55};
   printf("worker 结构体变量的大小为：%dB\n",sizeof(s1));
   return 0;
}
```

分析：其中 s1.name 大小为 12B，s1.age 大小为 4B，s1.salary 大小为 4B。
因此程序的运行结果为：

worker 结构体变量的大小为：20B

13.5 结构体类型的数组

回顾导读，如果现在要保存 N 个商品的信息，该怎么做？ 如果按上面所说，现在
需要存储 N 条商品的信息，需要定义变量的个数为 4×N 个，变量数量众多，可读性差，
不易维护。此外，一个商品有商品名称、数量、单价、付款金额等属性，这些同属于该
商品，它们之间是有内在联系的，但是如果以这种方式定义 4×N 个变量，这些变量之
间无内在联系，都是相互独立的，这就与业务需求不相符了。

聪明的你可能想到了一个特殊的变量——数组，下面用数组试试，看是否可行。相同的属性通过数组来保存，具体方式如图 13-5 所示。

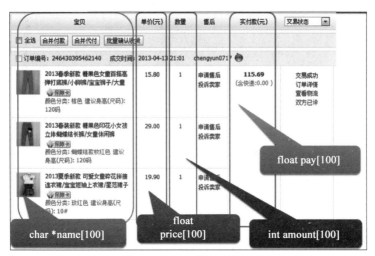

图 13-5　结构体类型数组

定义 4 个数组，分别来保存 N 个商品的名称、单价、数量和付款金额，这种方式确实解决了之前变量数量众多的问题，但是还是有诸多不便：数据维护，修改困难；商品的各个属性分拆在不同数组，破坏了整体性。

思考：有没有一种方式，能够把几个具有一定逻辑关系的数据类型结合为一个整体来处理？如图 13-6 所示。

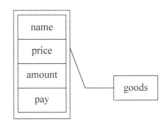

图 13-6　数组类型的整合

保存商品的一条信息就可以定义对应的变量，那么如果有 N 件商品，难道要定义 N 个变量？

```
struct goods myGoods1;
struct goods myGoods2;
    ⋮
struct goods myGoodsn;
```

显然也是不合适的，那么该怎么解决呢？ N 条商品数据都属于 goods 数据类型，那么我们就可以用数组来存放这些数据，此数组我们称为结构体数组。结构体数组与以前介绍过的数值型数组的不同之处就在于每一个数组元素都是一个结构体类型的数据，它们分别包括各个成员项。

1. 结构体数组的定义

结构体数组的定义和结构体变量定义基本相似，它有如下几个方式。

（1）先定义结构体，再定义结构体数组。

程序如下所示：

```
struct goods
{
    char name[9];
    float price;
    int amount;
    float pay;
};
struct goods mygoods[5];
```

（2）在定义一个结构体的同时定义一个或若干个数组。

程序如下所示：

```
struct goods
{
    char name[9];
    float price;
    int amount;
    float pay;
} mygoods[5];
```

（3）直接定义结构体数组而不定义结构体名。

程序如下所示：

```
struct
{
    char name[9];
    float price;
    int amount;
    float pay;
} mygoods[5];
```

在方法（1）和（2）中，定义了一个结构体，我们可以使用结构体定义新的数组，但是方法（3）只定义了一个 mygoods[5] 结构体数组，没有定义结构体类型的名字，因此不能再用来定义其他数组。

2. 结构体数组的初始化

定义了结构体数组，我们就需要给它赋值，也就是初始化，这样就可供日后使用，结构体数组初始化也和结构体变量初始化一样，分为以下几种。

（1）嵌套大括号，初始化每一个对象。

```
struct goods
{
    char name[9];
    float price;
    int amount;
```

```
    float pay;
};
struct goods myGoods[2]={{" 碎花裙 ", 50, 2, 100},
{" 七分裤 ", 30, 1, 30}};
```

（2）部分赋值，按照数组的顺序依次为成员赋值。

```
struct goods
{
    char name[9];
    float price;
    int amount;
    float pay;
};
struct goods myGoods[2]={" 碎花裙 ", 50, 2, 100, " 七分裤 ", 30, 1, 30};
```

数组变量在内存中存放的位置是按顺序存放的，以下标 0 开始依次开辟空间，myGoods[0] 和 myGoods[1] 这两个商品变量在内存里存放的空间如图 13-7 所示。

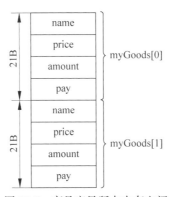

图 13-7　商品变量所占内存空间

因为数组中存放的对象数据类型相同，都是商品对象，且每个对象占用的空间大小都为 21B，所以数组共占用的内存大小就是所有商品所用内存空间之和。

【例 13-4】　假设一个班有 5 名学生，编写程序，从键盘上输入 5 名学生的姓名、语文成绩、数学成绩和英语成绩，计算出每一位同学的总成绩、语文成绩的最高分和平均分。

分析：每一个学生的信息可以用一个结构体来表示。

```
struct student
{
    char name[12];          // 姓名
    int score_a;            // 语文成绩
    int score_b;            // 数学成绩
    int score_c;            // 英语成绩
};
```

总共有 5 个学生，所以应当定义一个结构体数组。

```
struct student stu[5];      // 定义一个长度为 5 的数组
```

源程序代码如下：

```c
#include<stdio.h>
int main()
{
    struct student
    {
        char name[12];              // 姓名
        int score_a;                // 语文成绩
        int score_b;                // 数学成绩
        int score_c;                // 英语成绩
    };
    struct student stu[5];          // 定义一个长度为 5 的数组
    int i, sum[5];                  //i 循环变量，sum[5] 存放每个人的总成绩
    int max, sum_a = 0;             //max 存放最大值，sum_a 存放语文成绩的总分

    printf(" 依次输入：姓名 \t 语文 \t 数学 \t 英语 \n");
    for(i=0; i<5; i++)
    {
    scanf("%s%d%d%d",&stu[i].name,&stu[i].score_a,&stu[i].score_b,&stu[i].score_c);
    // 计算每一个人的总成绩
    sum[i] = stu[i].score_a + stu[i].score_b + stu[i].score_c;
    }
    // 计算语文成绩的最高分和平均分
    max=stu[0].score_a;
    for(i=0; i<5; i++)
    {
      sum_a=sum_a + stu[i].score_a;
      if(max<stu[i].score_a)
        max=stu[i].score_a;
    }
    // 输入每个人的姓名、语文、数学、英语和总成绩
    printf(" 姓名 \t 语文 \t 数学 \t 英语 \t 总成绩 \n");
    for(i=0; i<5; i++)
    {
        printf("%s\t%d\t%d\t%d\t%d\n",stu[i].name,stu[i].score_a,stu[i].score_b,tu[i].score_c, sum[i]);
    }
    // 输出语文成绩的最高分和平均分
    printf(" 语文最高分：%d\n", max);
    printf(" 语文平均分：%.2f\n", (float)(sum_a)/5);
    return 0;
}
```

运行程序，控制台如下所示：

依次输入：姓名　　语文　　数学　　英语

当我们依次输入如下信息：

```
lilei 85 77 82
```

```
xiaolan 76 84 85
hanmei 90 82 83
xiaojun 84 89 80
lisi 82 85 91
```

运行结果如下：

姓名	语文	数学	英语	总成绩
lilei	85	77	82	244
xiaolan	76	84	85	245
hanmei	90	82	83	255
xiaojun	84	89	80	253
lisi	82	85	91	258

语文最高分：90
语文平均分：83.40

【例 13-5】 表 13-1 是某公司部分员工的工资（整数）信息，要求输出工资最高的员工的姓名（不考虑有员工工资相等的情况）。

表 13-1　员工工资信息

姓　　名	基本工资 / 元	浮动工资 / 元
李丽	3000	400
张芳	5000	550
赵强	3000	480

要求：

（1）定义结构体类型 Staff，成员变量依次为 name（姓名）、salary（基本工资）、per（浮动工资）。

（2）定义结构体数组 staffs，模拟表中三位员工的信息。

（3）给定 fun 函数要求：输出工资最高的员工的姓名。

请声明并定义 fun 函数，实现上述功能，输出不需要换行。

源程序代码如下：

```c
#include<stdio.h>
struct Staff
{
    char *name;
    int salary;
    int per;
};
struct Staff staffs[3] = {"李丽",3000,400,"张芳",5000,550,"赵强",
                    3000,480};

void fun(struct Staff staffs[], int len)
{
    struct Staff temp = {" ",0,0};
```

```
    for(int i=0;i<3;i++)
    {
        if(((staffs[i].salary) + (staffs[i].per)) >((temp.salary) +
           (temp.per)))
    {
        temp.name = staffs[i].name;
        temp.salary = staffs[i].salary;
        temp.per = staffs[i].per;
    }
    }
    printf("工资最高的是%s", temp.name);
}
int main()
{
    fun(staffs,3);
    return 0;
}
```

13.6 本章小结

本章主要介绍了自定义的数据类型：结构体，包括结构体的定义，结构体变量的定义，初始化，结构体变量成员的引用，结构体数组的定义和初始化等。一个结构体里可以包含多个不同数据类型的成员，要注意结构体类型的定义和变量定义的区别。

关键点概括如下。

（1）在 C 语言中，结构体（struct）指的是一种数据结构，是 C 语言中聚合数据类型（aggregate data type）的一类。结构体可以被声明为变量、指针或数组等，用以实现较复杂的数据结构。结构体同时也是一些元素的集合，这些元素称为结构体的成员（member），且这些成员可以为不同的类型，成员一般用名字访问。

（2）定义一个结构体变量，必须要有一个结构体类型，然后用这个类型去定义一个变量。结构体变量的定义有 3 种方式。

① 先定义结构体类型再定义变量名。

② 在声明类型的同时定义变量。

③ 直接定义结构体类型变量。

（3）关于结构体的一点说明。

① 不能将结构体变量作为整体进行操作。

② 当结构体变量的成员也是结构体类型时，引用必须用最底层的成员变量。

③ 成员名可与程序中的变量名相同，二者代表不同对象。

④ 可以引用结构体变量成员的地址，也可以引用结构体变量的地址。

⑤ 允许具有相同类型的结构变量可以相互赋值，其他情况不允许对结构变量直接赋值。

（4）结构体的成员可以包含其他结构体，也可以包含指向自己结构体类型的指针，而通常这种指针的应用是为了实现一些更高级的数据结构，如链表和树等。

13.7　本章习题

1．定义一个结构体，存储学生的姓名、性别、年龄，求出性别为"女"的学生姓名和年龄。

2．定义一个结构体，存储学生的学号、姓名、成绩，求出成绩最高的学生的信息。

3．定义一个结构体，存储日期的年、月、日，求出该日期后一天的日期。

4．淘宝已买商品列表中，包含了商品名称、单价、数量、实付款等信息。利用结构体，构建一个简单的已买商品列表。要求如下。

（1）功能菜单：显示全部商品、新建商品、查找商品、排序、退出。

（2）商品的基本信息：商品名称、单价、数量、尺寸（长、宽、腰围）、实付款、成交时间（年、月、日）。

（3）尺寸和成交时间需要建立两个独立的结构体。

（4）具有新建、查找、排序功能。

（5）新建功能：新增一条商品信息，输入商品的数据时需要有文字提示。

（6）查找功能：根据商品名称（需要引入 strstr 库函数）或单价或成交时间查找。

（7）对应的商品信息（根据商品名称的查找不做硬性要求，有能力者可以做）。

（8）排序功能：根据单价、实付款、成交时间进行升序、降序显示（根据实际情况选择其中一项）。

界面如图 13-8 所示。

图 13-8　商品列表

第 14 章　文件——模拟"数据库"

文件是具有符号的一组相关联元素的有序序列。文件可以包含范围非常广泛的内容。系统和用户都可以将具有一定独立功能的程序模块、一组数据或一组文字命名为一个文件。

计算机文件属于文件的一种，与普通文件载体不同，计算机文件是以计算机硬盘为载体存储在计算机上的信息集合。文件可以是文本文档、图片、程序等。文件通常具有三个字母的文件扩展名，用于指示文件类型（例如，图片文件常常以 JPEG 格式保存，并且文件扩展名为 .jpg）。

14.1　文件的引入

文件是数据源的一种，主要用来保存数据，它一般是指存储在如磁盘、光盘、U 盘等这种外部介质上的集合。这些集合的名称就是文件名，例如，项目中常见的头文件、源文件、可执行文件等程序文件。如果想要找存储在外部介质上的数据，就必须按文件名找到指定的文件，然后才能从该文件读取数据。同样的，如果需要在外部介质上存储东西，也需要建立一个文件名，然后就向它输出数据。

14.1.1　文件流

从用户的角度来看，在操作系统中，与主机相连的各种外部设备（显示器、打印机、键盘等）也被看作是一个文件来进行管理。对它们进行输入输出操作等同于对磁盘上的文件读和写。一般情况下，显示器称为标准输出文件，键盘称为标准输入文件，我们学过的 printf、putchar 函数就是向这个文件（显示器）输出，而 scanf、getchar 函数就是从这个文件（键盘）获取数据。

在 C 语言中，术语流（stream）表示任意输入的源或任意输出的目的地。C 语言支持流式文件，即前面提到的数据流，它把文件看作一个字节序列，以字节为单位进行访问，没有记录界限，即数据的输入和输出的开始和结束仅受程序控制，而不受物理符号（如换行符）控制。许多小型程序都是通过一个流（通常和键盘相关）获得全部输入，并且通过另一个流（通常和屏幕相关）写出全部的输出。较大规模的程序可能会需要额外的流。

从不同角度对文件进行分类，可以分为 3 类。

（1）根据文件依附的性质——普通文件和设备文件。

（2）根据文件的组织形式——顺序读写文件和随机读写文件。

（3）根据文件的存储形式——文本文件和二进制文件。

文件一般是在外部介质上的，在使用的时候才调到内存中来处理。所有的数据写到文件中才不会丢失。通常采用文件流的形式进行处理，文件流是指数据在内存与文件之间的传递过程。数据从文件传输到内存中的过程是输入流，从内存传输到文件中的过程则叫作输出流。

就好像我们回家需要先开门，进屋后需要再关门一样。

正确操作文件的流程是：打开文件→读写文件→关闭文件。注意，每次在对文件进行操作之前都需要打开文件，操作完之后需要关闭文件，否则可能导致数据流失。

14.1.2　文件指针

C 语言中对流的访问是通过文件指针（file pointer）实现的，用一个指针变量指向一个文件，这个指针就称为文件指针，通过文件指针就可以对它所指的文件进行各种操作。此指针的类型为 FILE *（FILE 类型在 <stdio.h> 中声明）。

定义文件指针的形式：

```
FILE* 指针变量标识符
```

用文件指针表示的特定流具有标准的名字；如果需要，还可以声明另外一些文件指针。例如"FILE* fp"表示 fp 是指向 FILE 结构的指针变量；又例如，如果程序除了标准流之外还需要两个流，则可以包含声明"FILE *fp1, *fp2；"，虽然操作系统通常会限制可以同时打开的流的数量，但程序可以声明任意数量的 FILE * 类型变量。

14.2　文件的操作

在 C 语言中，文件操作都是由库函数来完成的。标准 I/O 与系统 I/O 分别采用不同的输入 / 输出函数来对文件进行操作。本节主要介绍标准 I/O 系统，它的输入 / 输出函数在 stdio.h 中。

14.2.1　文件的打开与关闭

1. fopen 函数：打开一个指定的文件

（1）该函数的原型：

```
FILE * fopen(char *filename,char *mode)
```

（2）filename 是文件名（也包括文件路径）。

（3）mode 指的是打开方式或者操作方式，它们都是字符串，详细模式参考表 7-2。

（4）fopen 获取文件信息，包括文件名、文件状态、当前读写位置等，并将这些信息保存到一个 FILE 类型的结构体变量中，然后将该变量的地址返回。

（5）如果需要接收 fopen 的返回值，则需要定义一个文件指针来接收它。

注意：打开文件后程序会返回一个文件指针，通过文件指针就可以对当前文件进行操作。一般形式如下：

> 文件指针名=fopen（文件名，使用文件方式）；

例如有语句：

```
FILE * fp = fopen("test.txt", "r");
```

该语句表示的意思是：用"只读"方式打开当前项目目录（相对路径）下的 test.txt 文件，路径如图 14-1 所示。定义指针 fp 指向该文件，这样就可以通过 fp 来操作 test.txt 文件。

例如，有语句：

```
FILE * fp = fopen("D:\\test.txt","r");
```

该语句表示的意思是：用"只读"方式打开 D 盘目录（绝对路径）下的 test.txt 文件，路径如图 14-2 所示。定义指针 fp 指向该文件，这样就可以通过 fp 来操作 test.txt 文件。

 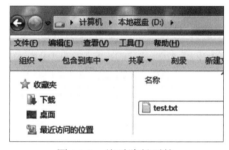

图 14-1　相对路径下的 test.txt　　　　图 14-2　绝对路径下的 test.txt

刚刚在文件被打开的过程中，看到 "r"，这个 "r" 就是文件中的访问模式，表示只读模式，该模式表示用于打开一个已经存在的文件文本，如果文件不存在则出错。文件中还有很多其他访问模式，具体可以参考表 14-1 文件访问模式列表。

表 14-1　文件访问模式列表

访问模式	含　义	文件不存在时	文件存在时
r	以只读方式打开一个文本文件	错误	打开文件
w	以只写方式打开一个文本文件	建立新文件	打开文件，清空原文件
a	以追加方式打开一个文本文件	建立新文件	打开文件，只能从文件尾向文件追加数据
r+	以读 / 写方式打开一个文本文件	错误	打开文件
w+	以读 / 写方式建立一个新的文本文件	建立新文件	打开文件，清空原文件
a+	以读 / 写方式打开一个文本文件	建立新文件	打开文件，可从文件中读取或往文件中写入数据

续表

访问模式	含　义	文件不存在时	文件存在时
rb	以只读方式打开一个二进制文件	错误	打开文件
wb	以只写方式打开一个二进制文件	建立新文件	打开文件，清空原文件
ab	以追加方式打开一个二进制文件	建立新文件	打开文件，只能从文件尾向文件追加数据
rb+	以读/写方式打开一个二进制文件	错误	打开文件
wb+	以读/写方式打开一个新的二进制文件	建立新文件	打开文件，清空原文件
ab+	以读/写方式打开一个二进制文件	建立新文件	打开文件，可从文件中读取或往文件中写入数据

在正常情况下，fopen 函数返回指向文件流的指针，若有错误发生，则返回值为 NULL。为了防止错误发生，一般都要对 fopen 函数的返回值进行判断。

【例 14-1】 了解文件正确的打开方式。

```c
#include<stdio.h>
int main(){
    // 定义一个 fp 文件指针，当前指针为空
    FILE *fp;

    // 用只读的方式打开 D 盘目录下的 test.txt 文件
    fp = fopen("D:\\test.txt","r");

    // 判断文件打开是否成功
    if(fp == NULL) {  printf(" 文件打开失败，请检查是否存在该文件 ");  }
    else {  printf(" 文件打开成功 ");  }

    return 0;
}
```

2．fclose 函数：关闭一个指定的文件

（1）该函数的原型：

```c
int fclose(FILE *fp);
```

（2）fp 是文件指针，指向需要关闭的文件。

（3）int 表示函数调用后返回的结果。正常完成关闭文件操作时，fclose 函数返回值为 0；返回非零值则表示有错误发生。

（4）该函数调用的一般形式：

```c
fclose( 文件指针 );
```

【例 14-2】 了解文件正确的关闭方式。

```c
#include<stdio.h>
int main(){
```

```
        FILE *fp = fopen("D:\\test.txt","r");

        // 如果文件打开成功，则关闭文件
        if(fp != NULL){
            int result = fclose(fp);   // 获取文件关闭的结果

            if(result == 0){  printf(" 文件关闭成功 ");   }
            else{  printf(" 文件关闭失败 ");   }
        }
        return 0;
    }
```

14.2.2 文件的顺序读写

顺序读写是指将文件从头到尾逐个数据读出或写入。在本节中将介绍四对用于顺序读 / 写文件的函数，分别是单字符读写函数 fgetc() 和 fputc()、字符串读写函数 fgets() 和 fputs()、格式化字符串读写函数 fscanf() 和 fprintf()、数据块读写函数 fread() 和 fwrite()。

1. 单字符读写函数：fgetc() 和 fputc()

（1）fgetc() 函数原型

```
int fgetc(FILE *fp);
```

功能：读取文件指针 fp 目前所指文件位置中的字符，读取完毕，文件指针自动往下移一个字符位置，若文件指针已经到文件结尾，返回 –1。

返回值：成功则返回读取到的字符，失败返回 –1。

调用方法：

```
fgetc( 文件指针 );
```

注意：fgetc() 函数调用中，读取的文件必须是以读或读写的方式打开的。

【例 14-3】 了解 fgetc() 函数功能。

```
FILE *fp = fopen("D:\\test.txt","r");

if(fp != NULL){
    // 定义字符变量 c 存储文件中的第一个字符，读完后指针自动挪到下一个字符
    char c = fgetc(fp);
    printf("%c",c);
    // 输出文件中的第二个字符，读完后指针自动挪到下一个字符
    printf("%c",fgetc(fp));

    fclose(fp);
}
```

（2）fputc() 函数原型

```
int fputc(char ch,FILE *fp);
```

功能：把字符 ch 写入文件指针 fp 所指向文件的位置。

返回值：成功时返回字符的 ASCII 码，失败时返回 EOF（在 stdio.h 中，符号常量 EOF 的值等于 −1）。

调用方法：

```
fputc(需要写入的单字符,文件指针);
```

注意：被写入的字符可以用写、读写、追加方式打开。

【例 14-4】　了解 fputc() 函数功能。

```
FILE *fp = fopen("D:\\test.txt","w");

if(fp != NULL){
    //用w打开文件后，清空原文件内容，然后写入一个 'X'
    int result = fputc('X',fp);
    if(result == EOF)
    {
        printf("写入失败");
    }
    fclose(fp);
}
```

2.　字符串读写函数：fgets() 和 fputs()

（1）fgets() 函数原型

```
char *fgets(char *str,int n,FILE *fp);
```

功能：在文件指针 fp 所指文件位置读取 n 个字符（其中 n-1 个字符是文件中的，最后一位是 '\0'），并放入 str 字符数组。

返回值：如果读不到字符串时返回 NULL。

调用方法：

```
fgets(需要读取的字符串,需要读取的字符长度,文件指针);
```

【例 14-5】　了解 fgets() 函数功能。

```
FILE *fp = fopen("D:\\test.txt","r");

if(fp != NULL){
    char str[5];        //定义一个字符数组长度为 5
    fgets(str,3,fp);    //将文件中前2个字符按照顺序存入str,另外在第3位补 '\0'

    if(str == NULL)
    {
        printf("读取失败");
    }
    else
    {
```

```
        printf("%s",str);
    }
    fclose(fp);
}
```

（2）fputs() 函数原型

```
int fputs(char *str,FILE *fp);
```

功能：将字符串 str 写入文件指针 fp 所指文件的位置。

返回值：写入数据成功时返回非 0 值，写入失败时返回 EOF。

调用方法：

```
fputs（需要写入的字符串, 文件指针）;
```

【例 14-6】 了解 fputs() 函数功能。

```
FILE *fp = fopen("D:\\test.txt","w");

if(fp != NULL){
    //用 w 打开文件后, 清空原文件内容, 然后写入字符串 "abcd"
    int result = fputs("abcd",fp);
    if(result == EOF)
    {
        printf(" 写入失败 ");
    }

    fclose(fp);
}
```

3. 格式化字符串读写函数：fscanf() 和 fprintf()

（1）fscanf() 函数原型

```
int fscanf(FILE *fp," 格式化字符串 ",【输入项地址表】);
```

功能：从文件指针 fp 所指向的文件中，按照格式字符串指定的格式，将文件中的数据送到输入项地址表中。

返回值：读取数据成功返回所读取数据的个数，并将数据按照指定格式存入内存中的变量或数组中，文件指针自动向下移动。读取失败返回 EOF。

调用方法：

```
fscanf（文件指针, 格式化字符串, 输入项地址表）;
```

【例 14-7】 了解 fscanf() 函数功能。

```
FILE *fp = fopen("D:\\test.txt","r");

if(fp != NULL){
    char c;      // 定义一个字符变量用于接收文件读出的字符
```

```
    int result = fscanf(fp, "%c", &c);
    // 从文件中读取一个 %c 类型字符，存入 c 变量
    if(result == EOF){ printf(" 读取失败 "); }
    else{ printf(" 从文件中读取的第一个字符是：%c",c); };

    fclose(fp);
}
```

（2）fprintf() 函数原型

```
int fprintf(FILE *fp," 格式化字符串 ",【输入项列表】);
```

功能：将输出项表中的变量值按照格式字符串制定的格式输出到文件指针 fp 所指向的文件位置。

返回值：成功返回输出字符数，失败则返回负值。

调用方法：

```
fprintf( 文件指针, 格式化字符串, 输入项列表 );
```

【例 14-8】 了解 fprintf() 函数功能。

```
FILE *fp = fopen("D:\\test.txt","w");

if(fp != NULL){
    // 用 w 打开文件后，清空原文件内容，然后写入字符 'X'
    int result = fprintf(fp, "%c", 'X');
    if(result == EOF){ printf(" 写入失败 "); }

    fclose(fp);
}
```

4. 数据块读写函数：fread() 和 fwrite()

（1）fread() 函数原型

```
int fread(void *buffer,int size,int count,FILE *fp);
```

功能：从文件指针 fp 所指向的文件的当前位置开始，一次读入 size 字节，重复 count 次，并将读取的数据存到 buffer 开始的内存区中，同时将读写位置指针后移 size*count 次。

返回值：该函数的返回值是实际读取的 count 值。

参数介绍：

① buffer：是一个指针，表示存放输入数据的首地址。用来存放读取到的数据。

② size 表示每个数据块的字节数。

③ count 表示要读的数据块块数。

④ fp 表示文件指针。

【例 14-9】 了解 fread() 函数功能。

```
FILE *fp = fopen("D:\\test.txt","r");

if(fp != NULL){
    char fr[20];
    /*从 fp 所指的文件中，每次读 4 字节送入实数组 fr 中，连续读 5 次，即读 5 个实数到
    fr 中 */
    int result = fread(fr,4,5,fp);
    if(result == EOF)
    {
        printf(" 读取失败 ");
    }
    else
    {
        printf("%s",fr);
    }

    fclose(fp);
}
```

（2）fwrite() 函数原型

```
int fwrite(void *buffer,int size,int count,FILE *fp);
```

功能：从 buffer 所指向的内存区开始，一次输出 size 字节，重复 count 次，并将输出的数据放入 fp 所指向的文件中，同时将读写位置指针后移 size*count 次。

返回值：返回实际写入的数据项个数 count。

参数介绍：

① buffer 是一个指针，表示存放输出数据的首地址。用来存放要写入的数据。

② size 表示每个数据块的字节数。

③ count 表示要写的数据块块数。

④ fp 表示文件指针。

【例 14-10】 了解 fwrite() 函数功能。

```
FILE *fp = fopen("D:\\test.txt","a");

if(fp != NULL){
    char *fr = " 好好学习天天向上 ";
    /*用 a 打开文件后，从当前文件尾开始追加数据，从 fr 所指的数组中，每次写入 2 字节
    （一个汉字）送入文件 fp 中，连续写入 8 次 */
    int result = fwrite(fr,2,8,fp);
    if(result == EOF){ printf(" 写入失败 "); }

    fclose(fp);
}
```

14.3　文本格式和二进制格式

从文件的编码方式来看，文件可以分为文本文件和二进制文件。文本文件以字符编码（常用 ASCII 码）的方式储存。二进制文件是按二进制的编码方式来存放文件的（如果以记事本的方式打开，则只会看到一堆乱码）。

文件实际上包括两部分，控制信息和内容信息。纯文本文件仅仅是没有控制格式信息罢了；实际上也是一种特殊的二进制文件，因为文本文件实际上的解释格式已经确定为 ASCII 编码或者 unicode 编码。以读文件为例，实际上是"磁盘"→"文件缓冲区"→"应用程序内存空间"这个转化过程。通常说"文本文件和二进制文件没有区别"，实际上针对的是第一个过程；既然没有区别，那么打开方式不同，为何显示内容就不同呢？这个区别实际上是第二个过程造成的。

ASCII 码文件和二进制文件的主要区别有以下几点。

（1）存储形式：ASCII 文件将该数据类型转换为可在屏幕上显示的形式存储，二进制文件是按该数据类型在内存中的存储形式存储的。

（2）存储空间：ASCII 所占空间较多，而且所占空间大小与数值大小有关。

（3）读写时间：二进制文件读写时需要转换，造成存取速度较慢。ASCII 码文件则不需要。

（4）作用：ASCII 码文件通常用于存放输入数据及程序的最终结果。二进制文件则不能显示出来，用于暂存程序的中间结果。

因为文本文件与二进制文件的区别仅仅是编码不同，所以它们的优缺点就是编码的优缺点，一般认为，文本文件编码字符定长，译码容易些；二进制文件编码是变长的，所以它灵活，存储利用率要高些，译码难一些（不同的二进制文件格式，有不同的译码方式）。关于空间利用率，二进制文件甚至可以用一个比特来代表一个意思（位操作），而文本文件任何一个意思至少是一个字符。

14.4　本 章 小 结

本章首先讲解文件的基本概念，然后讲解文件的打开及关闭，最后通过代码讲解文件的各种操作方式，要求能够完成对文件简单的读写操作。

关键点概括如下。

（1）在 C 语言中引入了流的概念。它将数据的输入输出看作是数据的流入和流出，这样不管是磁盘文件或者是物理设备（打印机、显示器、键盘等），都可看作一种流的源和目的，视它们为同一种东西，而不管其具体的物理结构，即对它们的操作，就是数据的流入和流出。这种把数据的输入输出操作对象，抽象化为一种流，而不管它的具体结构的方法利于编程，而涉及流的输出操作函数可用于各种对象，与其具体的实体无关，具有通用性。

（2）在 C 语言中流就是一种文件形式，它实际上就表示一个文件或设备（从广义上讲，设备也是一种文件）。把流当作文件总觉得不习惯，因而有人称这种和流等同的文件为流式文件，流的输入输出也称为文件的输入输出操作。当流到磁盘而成为文件时，意味着要启动磁盘写入操作，这样流入一个字符（文本流）或流入一个字节（二进制流）均要启动磁盘操作，将大大降低传输效率（磁盘是慢速设备），且降低磁盘的使用寿命。

（3）对于回车换行符的处理，文本文件和二进制文件是不一样的。文本文件：存入文件时，将回车换行符转换成一个换行符，在从文件读取时，执行反向操作；二进制：存入和读取都不进行转换，在内存中的数据形式与输出到外部文件中的数据形式完全一致。

（4）fprintf 和 fsanf 函数，在对文件写入时，要经过将 ASCII 码转换成二进制，读取文件时，又要将二进制转换成 ASCII 码，所以，花费的时间较多。因此，在内存与磁盘频繁交换数据的情况下，最好不要用 fprintf 和 fscanf，而用 fwrite 和 fread。

14.5　本章习题

1. 简单介绍查找一个文件时，什么是相对路径？什么是绝对路径？

2. 简述文件访问模式中 "r" 模式、"r+" 模式、"rb" 模式、"rb+" 模式之间的区别。

3. 假设现在已有文件 text.txt，文件中已有部分数据内容 X，现要求给文件添加新的内容 Y，应该采用哪种访问模式打开文件更加合理？为什么？

4. 假设现在已有部分数据内容 Y，需要将它写入 text.txt 文件中，当前不知道 text.txt 文件是否存在，要求如果该文件存在，则将原有内容 X 全部替换为新的数据内容 Y；如果该文件不存在，则新建该文件，并添加内容 Y。请问针对该种情况，应该采用哪种访问模式打开文件更加合理？为什么？

5. 如果要想从标准输入流中读取一个字符，下面调用方式哪种是无效的？并说明原因。

（1）getch()

（2）getchar()

（3）getc(stdin)

（4）fgetc(stdin)

6. 描述下列执行语句的含义：FILE * fp = fopen("test.txt","r");

（1）char c = fgetc(fp);

（2）char c[20]；fgets(c,5,fp);

（3）char c；fscanf(fp,"%c",&c);

（4）char c[20]；fread(c,4,2,fp);

7. 描述下列执行语句的含义：FILE * fp = fopen("test.txt","a");

（1）fputc('h',fp);

（2）fputs("hello",fp);

（3）fprintf(fp,"%c%d%d",'a',1,2);

（4）char *c = " 好好学习天天向上 "；fwrite(c,4,2,fp);

参 考 文 献

[1] 陈国良. 计算思维 [J]. 中国计算机学会通信, 2011, 8(1).

[2] 周以真. 计算思维 [C]. 新观点新学说学术沙龙文集 7：教育创新与创新人才培养, 2007.05.26.

[3] Pet Phillips.ComputationalThinking, a problem-solving tool for every classroom[EB/OL].
     （2008.01.15.）http://www.cs.cmu.edu/~CompThink/resources/ct_pat_phillips.pdf.

[4] 战德臣，聂兰顺. 大学计算机——计算思维导论 [M]. 北京：电子工业出版社，2013.

[5] 谭浩强. C 程序设计 [M]. 5 版. 北京：清华大学出版社，2017.

[6] Stephen Prata. C Primer Plus 中文版 [M]. 姜佑，译. 6 版. 北京：人民邮电出版社，2016.

[7] 唐朔飞. 计算机组成原理 [M]. 2 版. 北京：高等教育出版社，2008.

[8] 陆晶，程玮. 大学计算机基础教程 [M]. 2 版. 北京：清华大学出版社，2014.